U0076287

辨識你的「免疫類型」，以及所需要的修復計畫

為什麼你容易生病

The Immunotype Breakthrough

Your Personalized Plan to Balance Your Immune System, Optimize Health, and Build Lifelong Resilience

希瑟・默德 醫師 Dr. Heather Moday ——— 著　陳映竹 ——— 譯

聲明

這本書旨在對專業醫療人員之意見進行補充，並無取而代之的意圖。如果你已知或懷疑自己有健康問題，應尋求專業醫療人員建議。本書作者及出版商特此聲明，一切因直接或間接採用本書內容，而產生之個人與非個人的責任、損失、風險，皆非本書及出版商之責任。

獻給艾瑞卡與「小子們」

目　錄

Part 2 健康修復計畫

引　言

免疫系統之謎：我們體內最厲害的防禦機制

2020年是我們絕對不會忘記的一年，原因有很多。對我這樣一個免疫學家以及整合功能醫學專家來說，這將永遠會是所有人開始談論免疫系統的一年。像是「細胞激素」（Cytokines）、「抗原」（Antigens）以及「群體免疫」（Herd immunity）這些術語，成了日常的詞彙，大家在保持社交距離下，常常於聚會時談到。

在新冠肺炎爆發之前，多數人可能都沒有花時間思考過自己的免疫系統，除了小感冒時為了要搞清楚如何痊癒、可以趕快回去工作；卻在突然之間，我們開始把免疫系統視為身體裡攸關生死的機制。尤其在疫情大流行期間，**對許多人來說，免疫系統的堅固與否，真的成為了決定他們性命的關鍵因素。**

可以的話，我絕不希望任何人經歷像是2020年這樣艱困的時期，但我還是在其中發現了一件好事，就是大家開始注意、並且重視免疫系統在生命中所扮演的角色。畢竟，那是我們身體裡最厲害的防禦機制。只是長久以來，免疫系統的運作被認為是理所當然，而經常被忽視甚至傷害。

試想一下，每年我們會接受各種檢查，像是做大腸鏡和乳房攝影等以預防癌症。或是檢查膽固醇及血壓，並分析我們的心血管健康狀況；有些人甚至還會對肝臟及腎臟做檢測及血液分析。但是，卻很少人會去檢查自己的免疫系統。光是提出這種要求，就可能會讓你的醫生撓撓頭，露出困惑的表情。

原因為何？免疫系統顯然很重要，既然如此，我們為什麼不會去思考免疫系統整體的狀況進而維護呢？

部分問題在於，除了少數專家和研究人員之外，對於醫學界的許多人來說，人類的免疫系統仍然是個謎。老實說，我能理解為什麼。因為那是個複雜到不可思議的系統，裡面組成的細胞、受體及化學訊號無以計數，而且名稱充滿了很多謎樣的數字、字母和符號，讓人望之卻步。

更別提大部分的醫生在念醫學院時，都沒有接受過太多關於免疫系統的訓練。就我個人而言，也只有在醫學院二年級的時候修過一堂免疫學的課，且記得的內容也僅足夠讓我通過考試而已。要不是我決定成為免疫學家，否則這方面的知識大多就會被我收到大腦深處、那個長了蜘蛛網的角落，存放在「胚胎心臟發育順序」以及那些我當初背的（馬上又忘了的）、複雜的有機化學反應旁邊。

要理解免疫系統的另一個阻礙，是過去數十年來所出現的巨量新研究。免疫科學正在以一種瘋狂的速度進展著，每天我們所理解的內容一直在改變。以一門相對年輕的科學而言——源頭是1883年俄國科學家伊利亞．梅契尼可夫（Élie Metchnikoff）的發現——其所需追上的新資訊量體，對於多數醫生來說，都是相當令人望而卻步的。

從此次疫情，我們整個社會——或更應該說，整個世界——急著瞭解如此嚴重且特殊的傳染性肺炎病毒（SARS-CoV-2），並武裝免疫系統以保護自己的急切需求來看，免疫學難以理解的事實變得更加明顯。我們都想知道該做些什麼來避免感染病毒。於是我們戴上口罩、買了一大堆的乾洗手。為了保持社交距離，我們甚至做到了商家停業、取消假期以及居家辦公的程度。我們在網路上研究某種特定的營養補給品或可疑的療法，只為了知道是否真的可以保護自己。我們緊盯著新聞，看著全世界的疫苗爭奪賽。我們聽說某些潛在條件，是導致嚴重後果的風險因素，然後擔心著自己是不是那些高風險的一員。我們想要「強化」自己的免疫系統，但接著又得知，多數因新冠肺炎過世的人都有一種「免疫系統過度反應」的症狀，叫做「細胞激素風暴」。情況很混亂，對吧？一大堆的問題，有答案的卻沒幾個。這足以讓我們感到害怕、不知所措，好像整個世界沒有足夠的能力來應對一個如野火般延燒、看不見的微生物。

事實上，要在對的時間用對的方法來支撐免疫系統，需要一點技巧。尤其是當我們面對新的威脅時，比方說，導致這次疫情的SARS-CoV-2。畢竟到頭來，並沒有任何可靠的檢測項目可以檢查我們精巧又神祕的免疫系統。你將從本書中得知，我們的免疫系統在身體內是無所不在的。它不僅會四處遊移，而且不存在可以獨立劃分以及量測的確切邊界，或是具體器官。你無法用X光去掃描、用組織切片去檢查，或者用某一項測試去判斷其強弱。

而即便我們已經有辦法快速研發出針對新冠肺炎的有效疫苗，在一輩子的人生當中，**免疫系統還是會持續面對不同的挑戰，像是新出現的病毒！**免疫系統所要面對的威脅可沒有就到此為止了——還差得遠呢。儘管我們普遍對免疫系統的聯想，就是對抗細菌與病毒，但事實上不僅於此。**免疫系統的好壞，會影響或導致幾乎所有人類已知的疾病**。沒錯，免疫系統跟微生物相關的疾病有著錯綜複雜的關係，像是一般的感冒與流感；但免疫系統也是罹患心臟病、肺炎、糖尿病、阿茲海默症以及癌症的一個重要因素，而這些疾病是造成全世界人類死亡的主要幾項原因。

人體內沒有其他的系統如此複雜精密，而且觸及這麼廣。基本上，免疫系統的完整性，就是我們要達到最佳生活品質所需要的那個聖杯。**免疫系統的健康與否，將決定我們是生病死亡，還是長壽而硬朗。**

剛開始我以過敏學家及免疫學家的身分在私人診所執業時，總是很盡責地去駕馭免疫系統。我所受的訓練就是如此。我每天診治濕疹、蕁麻疹、氣喘、鼻竇炎，偶爾會遇到複雜的免疫失調或是免疫缺陷，治療流程都很標準化——脫敏針、類固醇注射、乳液、過敏藥、氣喘吸入劑還有抗生素。多數時候，這些方法在一定期間內會有幫助，但是三、四個月後，那些當初帶著整疊處方箋離開診間的病人，幾乎都會再回來。時間年復一年地過去，我發現我的病人一直被診斷出新的病，且因病得越來越重，最後會服用太多藥物，而這些藥很多時候都是用來緩解其他藥物所帶來的副作用。許多病人抱怨，他們成年後又有新的食物過敏、自體免疫疾病、腸躁症、疹子、慢性鼻竇炎與關節痛。我開始收到不同專科轉介過來的病人，包括胃腸肝膽科、風濕科與皮膚科的醫生，都被難倒了，不知道下一步該如何處置他們的病人（過敏科醫師通常都會收到那些沒人知道該怎麼辦的案例）。問題是，即便受了多年關於內科、過敏和免疫學的訓練，我自己還是相當困惑。但直覺上，我認為這些新出現的健康問題，在某種層面上是相互關聯的。

所以我開始問問題。詢問病人的營養、壓力程度、生活的例行事項、情緒、習慣以及睡眠狀況。他們很多人都睡不好，有失眠問題或是上夜班。有些人的飲食習慣是營養不均衡的素食，並且過去一年內同時在服用多種抗生素，還有其他處方用藥。有人感到憂鬱且壓力很大，也有些人感覺被困在人際關係裡，又或者在工作上沒有成就感。

那時的我並不是「整體免疫學」（Integrative Immunology）專家，對於這個詞，我的定義是免疫學艱深的實驗室科學，再加上種種影響健康之因素的理解，像是營養、壓力、身心狀況、環境因素、精神性等。我可以清楚地看到，病人免疫系統的問題與他們的生活方式及行為有關；他們同時也有如標準配備般的疾病，像是高血壓、心臟病和糖尿病，而我知道這些疾病對免疫系統的影響很大。但除了開出越來越多的處方箋之外，我不知道該如何讓這些疾病停下來。我需要一組更好的工具包。

於是接下來幾年，我都花在打造自己的工具上。我決定透過位於土桑（Tucson）的威爾醫生整合醫療課程（Dr. Weil Integrative Medicine program），來完成整合醫學的研究醫生計畫，學習像是草藥、藥物、營養以及修復身心連結等各種治療方法。我參加了功能醫療的研討會，學到不應把注意力放在為疾病命名，以及用藥物去掩飾症狀，而是透過深度測試及評估來尋找疾病的根源，然後引導病人改變生活方式，幫助他們自我治癒。我花了好幾個週末和假期，在全美各地參加研討會，深入地挖掘這門決定了我們健康與否真正因素的科學。最後，我取得了功能醫學的證照，也意識到我無法將我的所學整合到當下的職場，於是離開了原本的工作，獨自踏上新的旅途，並創立了默德中心（Moday Center），這是一間位於費城的功能醫療設施。

自那時起，我就陸續與好幾千名病人共同努力，翻轉他們的健康問題，包含自體免疫疾病症狀、過敏、感染以及慢性病。我利用那些從經驗累積而來的、經過驗證且正確的程序，幫助他們不再仰賴藥物並且身體也更舒服，**方法僅僅是去改善環境、營養、微生物群系的健康、睡眠狀況以及壓力等級**。我幫助病人修復了既有的身體狀況，也提高他們在面對大型傳染病時對抗病毒的能力。同時，我積攢到了屬於自己獨特的一套工具，而且好好善用了它。

這本書就是那套工具去蕪存菁的版本，不管是誰、無論在何時何地都可以使用。在接下來的內容中，你會讀到我多年來所習得的許多知識，並以對你來說最有用的方式呈現出來。我聚焦在那些你一定要知道的內容上：**關於複雜的免疫系統，以及那些能幫助你變得更健康、身體更舒服的做法**。最終的目標一直都是這個，對吧？

過去幾年，不管是在研討會、社群媒體或是醫療相關網站，所有能找到的醫療專家們能給出的、關於「增強」免疫健康的建議，我都讀了多遍——然後，我發現他們的說法都一樣。身為一個花了數十年的時間在研究免疫系統的人，我可以拍胸脯保證，那不是正確的方法。你的免疫系統並非是按照線性發展的，而且很多地方都可能出錯並導致疾病；**事情不是「增強」免疫系統那麼簡單**。你的身體可能發展出慢性發炎、自體免疫疾病，甚至還有過敏之類的症狀，導致這些問題就是因為免疫系統過度活躍，此時「增強」免疫系統，對解決問題並沒有好處。

所以正確的方法是什麼呢？在幫助過數以百計的病人之後，我瞭解到細胞層級的生化失衡，會決定免疫系統出錯的方向，也會決定我們將遇到哪些狀況。在我長年的研究中，我注意到病人出現了一些固定的模式——而這些成了我稱之為「**四種免疫表現型**」的藍圖，分別是：悶燃型、偏誤型、超敏型，以及虛弱型。為了要治癒你失衡的免疫系統，你得先理解你的免疫表現究竟是哪一種，接著，使用特別針對該種型態的生活作息調整及療法，讓自己回歸正軌。

這就是為什麼這本書有很大一部分，都圍繞著四種免疫表現型打轉。我們會以現代免疫系統危機作為開頭，並且介紹對於免疫健康來說，很基礎的幾個深層機制。接著，我們會稍微回到免疫學入門這堂課上。要瞭解這門學科，你要會說一點免疫學的語言。別擔心！這會很有趣的，而且還能讓你在下次跟朋友吃飯時，讓大家對你刮目相看。等我們搞定基礎之後，剩下就是在談四種免疫表現型。我設計了一份自我評估的測驗，讓你找出自己獨特的免疫表現型（也可能不只有一種！），另外也提供真實、活生生的案例研究，以解釋每種免疫表現型會讓身體發生什麼事。我會說明像是睡眠、壓力、腸道健康、毒素的接觸以及營養這些因素，將如何影響你的免疫健康並且導致失衡。等你具備了自己免疫表現型的資訊與知識之後，就有辦法打造專屬於你的修復計畫。而這套計畫會符合你的免疫表現，以及生活作息與喜好。到了這個部分，我們就會離開教室，捲起袖子、付諸行動，開始去修復免疫系統的協調性。

如果你按照計畫去執行，就能夠迅速遏止有害的發炎反應，並且重新引導免疫系統往對的方向努力，不再針對自體細胞以及無害的過敏原，而是朝向真正的敵人攻擊。你會建立起免疫防衛系統，以抵禦新型病毒和病菌，面對癌細胞時，也會變成一名強力的戰士。這本書的最終目的，**是要讓你健康，並且對自己的身體有信心**。因為當你的免疫系統平衡時，身體狀況會好到不行！你幾乎不怎麼生病，即便生病了，也會很快痊癒。你不會有那些討人厭的過敏、自體免疫的毛病。你不需要和糖尿病、肥胖或心臟病搏鬥，也不必面對其他的慢性發炎。你的免疫系統會有復原力，也因此，你同樣會有復原力。

不管你是想要擊退慢性病、讓自體免疫的症狀能夠更受控制，或者擺脫那些煩人的季節性過敏、經常性的小感冒、鼻炎，這本書都會給你一套屬於自己的工具包，幫助你達成目標。

我曾經一次又一次見證了人體奇蹟般的療癒能力，我知道你也可以體驗到。你的免疫系統想要保護你，但如同這本書所說的，**只有在你的支持下，免疫系統才能好好完成自己的工作。**

你意下如何？準備好要成為自己免疫系統的專家了嗎？那就翻頁，開始吧！

|Part| 1

身體為何失衡？

Chapter 01

免疫失調與失控的發炎反應

1906年的夏季，有位銀行家與家人在紐約那遠離塵囂的牡蠣灣，一起享受著夏日假期。他們在海岸游泳、做日光浴、野餐。但是就在仲夏，一場可怕的疾病爆發了，高燒與腹瀉侵擾了這段田園休閒時光，十一位住民中有六位都病了，患上具傳染性的腸胃炎。後來這場疾病的罪魁禍首揭曉，是一種名為傷寒沙門氏菌（Salmonella typhi）的細菌，會導致傷寒。

儘管這種細菌通常只會影響那些位於城市、水源受到汙染且衛生條件糟糕的民眾，但在接下來的數年，卻也在這樣豐衣足食的家庭中出現。經過許多調查，疾病的源頭追溯到一個人——名叫瑪莉・馬龍（Mary Mallon）的廚師身上，她有個不好的稱號——「傷寒瑪莉」（Typhoid Mary）[1]。結論是，瑪莉是無症狀帶原者，她多年來把這種致命性的傳染病，一戶接著一戶散播到了未曾起疑的客戶家中。

那個時代的美國還沒有抗生素、疫苗、公共衛生、公共淨水處理系統、食物衛生管理以及合宜的汙水處理措施。而事實上，那並不是多久以前的事，在二十世紀初，最常見的死因是傳染性疾病，例如肺炎、流感、結核病以及腸胃炎。1900年，美國的平均壽命僅有四十七歲[2]。花點時間思考這項事實吧。一百多年以前，我們依然還沒有安全或是可靠的疫苗。亞歷山大．弗萊明（Alexander Fleming）尚未發現盤尼西林，我們對於疾病的傳染方式也還沒有確實的理解。事實上，要到十九世紀晚期，外科醫生才開始在手術前固定清洗雙手，而醫療過程中穿戴口罩及手套，則直到二十世紀初才成為常態。

因此，現在我們用疫苗，或是簡單的抗生素療程來預防或治療的疾病，在當時都會導致死亡，尤其是兒童。今日，我們把這些了不起又唾手可得的先進醫療視為理所當然；但曾經，**在面對致命傳染病的這場戰鬥中，強健的免疫系統是人們唯一的屏障。**

從傳染病到慢性病的轉向

在過去的幾百年內，我們有了一百八十度的大轉向。你有哪位親友是因為寄生蟲、梅毒或結核菌過世的嗎？然而，這不代表傳染病已成過去式——事實可差得遠了。就像我們所看到的，1980年代有愛滋病，最近則有新冠肺炎（COVID-19）大流行，以及對抗生素具有抗藥性的「超級病菌」崛起。但是在現代社會中，我們的食品工業、醫療科技及人類行為大幅度地改變了我們生病及死亡的原因。除了未來還可能出現新型病毒這個隱患，傳染病已經無法帶來像過去那樣的威脅了。

有很大一部分得歸功於疫苗。即便是到了1960如此近代的時期，都還沒有全國性的疫苗措施，兒童僅僅接受五種疫苗的施打：白喉疫苗、破傷風疫苗、百日咳疫苗、小兒麻痺疫苗與天花疫苗。從那時開始，疫苗有了爆炸性的發展，現在的孩子在十八歲前會施打五十六次、總共十六種疫苗。無論你對疫苗的看法是什麼，這些創舉肯定大幅降低了兒童因傳染病的致死率，絕對是件喜事。然而，我們似乎也面對了另一個完全不一樣的挑戰——慢性病的快速崛起。**我們的壽命比以前更長，但也患上更多的慢性病。事實上，我們發展出了一場免疫功能紊亂的危機。**

現實是這樣的：孩子被診斷出氣喘、食物過敏、糖尿病、高血壓、自閉症、注意力不足過動症的比例高到前所未見。不論是在美國或全世界，心臟病、肺病、糖尿病、阿茲海默症及癌症等疾病，都在最高致死率的榜上有名。

數據不會說謊，目前：

- 心血管疾病——包括冠狀動脈疾病、鬱血性心臟衰竭、中風、心律不整、高血壓、周邊動脈疾病——影響了美國48%的人口，也是世界人口死因之冠[3]。
- 約有三千四百五十萬的美國人都曾被診斷出第二型糖尿病，

這種疾病可能會導致失明、洗腎、中風以及心臟病，甚至是截肢[4]。更令人震驚的是，再加上糖尿病前期或是那些未受診斷的糖尿病患者，則是有高達一億的美國人有相關問題[5]。也就是說，每三人當中就有一人有血糖問題。

- 阿茲海默症在美國影響了將近六百萬人，並且預期會在2050年增加到一千五百萬人[6]，這表示，屆時罹患阿茲海默症的人數將會超過紐約市、芝加哥以及洛杉磯的人口總和。
- 2018年美國成年人口的肥胖盛行率高達42.4%，這是我三十年前剛上大學時的兩倍左右。肥胖本身會提高心臟病、糖尿病、失智症以及關節炎的風險[7]。
- 焦慮障礙、憂鬱症也有戲劇性的成長。即便是在新冠肺炎之前，成年人當中有焦慮或是憂鬱困擾的比例就高達驚人的18.5%。而我們幾乎可以確定，這個比率現在一定又更高了[8]。
- 根據美國國家衛生研究院（National Institutes of Health），自體免疫疾病影響了兩千三百五十萬的美國人（也就是超過全國人口的7%）。美國自體免疫相關疾病協會估計，真正的影響人數其實將近五千萬[9]。
- 美國疾病管制暨預防中心（Centers for Disease Control and Prevention）最新的數據指出，有47%的美國人患有至少一種的慢性病，其每年需要耗費國家三點七兆美元的資金[10]。

我感覺我們對於這些資訊已經麻痺，不會再受到驚嚇，因為這儼然成為了常態。但相信我，這一點也不正常。

慢性病很麻煩，跟傳染病不同。傳染病可能會讓我們幾天內臥床不起、發燒、畏寒，或者是腹瀉；但是比較起來，慢性病有時候更難發現。花點時間想想你認識的人，有多少人身受像是乾癬、高血壓、腸躁症或子宮內膜異位這些慢性病的困擾？如果他們不說，你甚至不一定會知道。在跟朋友或親戚聊天的過程中，他們常常會突然提到自己有類風濕性關節炎、氣喘或是潰瘍性大腸炎，而每次我總會嚇一跳，想著：「我怎麼現在才知道？」

答案很簡單：因為現在疾病的樣貌已經非常不一樣了，**並非總是有辦法光看表面就察覺到慢性病的存在**。而且我們有著海量的藥物，很多時候是可以「控制」疾病的；但這並不代表我們總是身體舒暢，或是日子過得愉快。事實上，大部分為了克服慢性病所做的努力，都不是為了要根除病因，而是投入數十億美元、發展出更強力的藥物。

處方用藥的相關數字也一樣不會說謊：

- 美國有45.8%的人口在過去三十天內使用過處方藥；24%的美國人用的處方藥多達三種（含）以上，而有12.6%的美國人則是使用了多達五種（含）以上的處方藥[11]。
- 零至十一歲的兒童當中，有18%在過去一個月曾經服用處方藥。
- 根據美國疾管局統計，有73.9%的就診，醫生都會開立處方藥[12]。
- 十八歲（含）以上的美國人當中，約有13.2%在過去三十天內曾服用抗憂鬱藥物[13]。

- 在六十五歲以上的病人當中，非類固醇消炎止痛藥，在某些狀況下的盛行率高達96%[14]。
- 2018年開立的鴉片類藥物處方箋超過一千六百萬張，而使用的病人當中，約有21%至29%會有藥物濫用的情形，而有12%的人會上癮[15]。
- 整體而言，在美國四十歲（含）以上的人口中，針對膽固醇的史他汀類藥物使用，在十年間增加了79.8%，從2002／2003年的兩千一百八十萬人，到2012／2013年的三千九百二十萬人（27.8%，也就是二點二一億張處方箋）[16]。
- 超過一千五百名美國人都擁有氫離子幫浦阻斷劑（Proton Pump Inhibiort，PPI）的處方箋（這是一種常用來抑制胃酸分泌的藥物），以控制胃灼熱（更令人驚訝的是，研究指出，多達一千零五十萬人在不需要的時候，依然會服用這類藥物）[17] [18]。
- 根據美國疾管局，有一千六百萬名成年人會使用抗過敏藥物，而且購買的人數每年都在增加[19]。

處方藥及成藥並非生來就是壞東西。事實上，這些藥品可以是極為有用的。但對於解決慢性病的問題，它們的成效相當有限。儘管許多都能救命，也能減緩症狀，但同時也具備有害的副作用及成癮性，而且目的往往並非解決造成健康問題的根本原因。意思就是，到頭來你還是得去看醫生，調高用藥劑量或是需要另一種藥物。於是，許多人帶著持續性的疾病、疼痛、失能過日子，生活品質也低於標準。

你現在可能在想，我為什麼要談到這麼多不同的疾病與藥物？總不可能全部都跟免疫系統有關吧？還真的可能，而且事實也的確如此。我甚至會說，**大部分的慢性病，都是我們的免疫系統以漸進全身發炎的形式，在向我們求救。**

》》發炎反應的雙面刃

最近有個客戶到我的辦公室說：「我不知道自己怎麼了，但就是覺得渾身不舒服。」雖然沒有確切的診斷結果，但是她知道身體不太對勁。就像我說過的那樣，從憂鬱症到心臟病，乃至於阿茲海默症和發炎性腸道疾病，幾乎都是由免疫系統的一個問題所引起的——**發炎**。在這本書中，你會一而再、再而三地讀到這個詞，你可能會覺得很煩，但這就是免疫系統的關鍵所在。事實上，**每當我們受傷或是感染的時候，免疫系統首先做的，就是啟動一連串的發炎反應來回擊。**

發炎經常受到無端指責，特別是在保健界。但大家有點誤會了，其實發炎並不全然是壞事！如果我們不會發炎的話，當遇到感冒、流感甚至是小傷口這些輕度的感染時就會死亡，因為我們的身體無法自我保護及修復。

我的意思是：當你的身體受傷或是發炎時，免疫系統會啟動發炎反應，派遣一支由免疫細胞以及其他化學訊號所組成的軍隊，去保護並修復那個區域（我們將在第2章進一步瞭解這些細胞及訊號）。發炎是我們受傷時導致腫脹、泛紅、發熱，以及感冒時黏液過度增生的原因。這些狀況都很惱人，而且讓我們很不舒服，但它們其實是為了要治癒患部，並且將感染性的病菌驅離我們的身體。腫脹、疼痛的腳踝，讓我們不會再四處走動而反覆傷害它；感冒時所增生且咳出來的黏液，是為了要捕捉並排除那些讓我們生病的病菌。

如果一切完美，受傷或疾病所引起的發炎反應將是很短暫的，也會符合我們所面對威脅的規模以及嚴重程度。接著，在威脅消失殆盡之前展開保護和修復，然後我們的身體就會恢復到正常狀態。然而，不是每次都這麼順利。**有時候會誘發過多的發炎反應**，所造成的發炎程度可能變得比原本的疾病或傷口更加嚴重；比方說，新冠肺炎所引起的細胞激素風暴。而有些時候，**在威脅結束之後，發炎並沒有好好緩和下來**。發生這種情況時，對於身體來說就是個壞消息，並且可能會產生——對，你猜得沒錯！——**慢性發炎的狀態**，而這會導致慢性疾病。在現代，源於低度發炎累積的疾病數量非常多，我們自己也有一大堆這樣的疾病。比方說：

- 動脈粥狀硬化（Atherosclerosis）中，在血管累積、並且最後導致我們心臟和血管鈣化的硬塊，是由於我們的免疫系統試圖引起發炎，以修復血管本身受到的傷害而產生的。像是抽菸、感染、高血壓、有毒化學物質，以及受損的膽固醇等侵害，都會讓硬塊成長。
- 憂鬱症與會影響腦內神經傳導物質的高度發炎有關[20]。
- 糖尿病中，當血液細胞及血管中一直有過高的血糖，發炎反應便會失控，進而傷害到其實是要嘗試修復的器官。

- 至於阿茲海默症，當遇到環境毒素、腦震盪、高血糖以及睡眠缺乏的時候，罹患此疾病的風險就會增加。這些因素都會引發——你又猜對了！——發炎，最後導致過度修復並且傷害到腦部。
- 氣喘是呼吸道發炎；濕疹是皮膚細胞發炎；關節炎是關節發炎；克隆氏症是腸胃道發炎——這張清單還可以不停、不停地列下去。

失控的發炎反應，顯然是許多常見疾病的根源；尤其對名為「自體免疫疾病」的那些情況更是如此。

免疫「耐受力」，以及自體免疫疾病

我們在前面已經瞭解到，自體免疫疾病是慢性、衰弱性的失調，有時甚至會危及性命。而這類疾病的共通點，就是故障的免疫系統。這會造成許多慢性發炎，也會導致免疫系統的智能運作崩潰，於是開始攻擊身體原本的組織，彷彿它們才是危險的外來侵入者。用免疫學的用語來說，我們稱這種現象為**「耐受力」（Tolerance）喪失**，這是一個很關鍵的概念。基本上，耐受力指的是「免疫細胞辨認自己組織，並且不去攻擊它們的能力」。當你失去免疫耐受力的時候，你的免疫細胞就會開始攻擊自身的組織。耐受力喪失是發展出自體免疫性疾病的因素之一，我也將其稱作「偏誤型免疫表現」（Misguided Immunotype），你將在接下來的章節學到更多。

自體免疫可能發生在身體任何一處，但最常見的是血管、結締組織、內分泌系統這些地方，像是甲狀腺或是胰腺、關節、肌肉、紅血球和皮膚。最普遍的幾種自體免疫疾病包括：

- 愛迪生氏症（Addison's disease）
- 乳糜瀉（Celiac disease）——麩質過敏腹瀉症（麩質敏感性腸疾）
- 皮肌炎（Dermatomyositis）
- 葛瑞夫茲氏病（Graves' disease）
- 橋本氏甲狀腺炎（Hashimoto's thyroiditis）
- 多發性硬化（Multiple sclerosis）
- 重症肌無力（Myasthenia gravis）
- 惡性貧血（Pernicious anemia）
- 反應性關節炎（Reactive arthritis）
- 類風濕性關節炎（Rheumatoid arthritis）
- 修格蘭氏症候群（Sjögren's syndrome）
- 全身性紅斑性狼瘡（Systemic lupus erythematosus）
- 第一型糖尿病（Type 1 diabetes）

你可能認識患有上述病症的人，卻從來沒思考過那其實是自體免疫的問題。以類風濕性關節炎為例，你或許會以為那就只是關節的疼痛與僵硬，但事實不僅如此。當免疫細胞誤判並攻擊自己健康的關節時，就會發生類風濕關節炎，導致關節的疼痛、變形以及腫脹。發炎同時是自體免疫的根本原因，也是副作用，於是就在體內產生了「發炎—自體免疫—更嚴重的發炎」這樣的惡性循環，並且可能很快就會要了你的命。後面談到偏誤型免疫表現時，我會再更詳細談到自體免疫，現在只要記得，**抑制慢性發炎會是免疫修復計畫中很大的一個部分**就行了。為什麼呢？因為慢性發炎可能會被內、外在環境的許多面向所誘發，特別是那些小到眼睛看不到的東西。在下一個段落，我們會像是透過顯微鏡般，來談談有多少微生物仍然掌管著我們的生命與健康，即便傷寒已經離我們很遙遠了也一樣。

說明一下「老朋友們」的假設

還記得我說過人類用傳染病換來了慢性病的流行嗎？嗯，有很多人都認為我們對於「殺手級病菌」太過於執著，才導致慢性病令人難以置信地掘起。1989年，由傳染病學家D. P.史塔琛（D. P. Strachan）撰寫的一篇不顯眼的期刊文章，發表了一個重大的論點。這篇文章將兒童身上的花粉熱及濕疹，與家庭規模縮小、童年感染經驗減少連結在一起。史塔琛的理論基本上是這樣的：你小時候被感染的次數越少，後來就會發展出越多的過敏症狀。這個概念在科學家以及新聞媒體上蔚為風行，很快就被冠上了「衛生假說」（Hygiene Hypothesis）的名號[21]。除了這個漂亮的名號，此假說的核心在於，我們越來越整潔的環境——多虧了消毒劑、抗生素、乾洗手，以及對於乾淨水源、公共衛生、個人衛生行為的投資——讓我們有更高的風險染上過敏性疾病，並且產生「超敏免疫表現」（Hyperactive Immunotype），其特點就是特別嚴重的過敏反應。

衛生假說的內容有它的真實性——我們太專注於預防及治療那些作為病原的微生物所導致的傳染性疾病，並且過火到反而適得其反。衛生假說表示，像這樣缺乏與感染源的接觸，讓免疫系統變得習慣過度消毒的環境，於是走向攻擊任何接觸到的東西，即便它們是無害的——像是花粉或灰塵。也有證據支持這項假說，像是過去三十年來，氣喘以及過敏的盛行率大幅增加，而且此增長也的確幾乎只出現在西化、較富裕、科技先進、同時也變得比較「衛生」的國家。但我的看法是這樣的：衛生假說並非百分之百準確，為什麼呢？就像我們在新冠肺炎大流行中所看到的，短時間內我們不應該把肥皂及抗菌濕紙巾棄於一旁。關於我們之所以有這麼多過敏問題，一個更合理且全面的解釋，是由醫生暨微生物學家葛拉罕・盧可（Dr. Graham Rook）醫生所提出的「老朋友假說」（Old Friends Hypothesis）[22]。

這個衍生的假說是指，**限制我們免疫系統發展的並非那些危險的微生物，而是數千年以來在我們體內共存、「共生」的微生物**——包括益菌、黴菌、原生動物（原蟲），以及病毒。這些有益的微生物影響我們健康的面向，多到超乎想像。你可能聽過腸胃道裡面有細菌，而這些細菌通常被稱為「腸道菌群」；但其實，這些「好的蟲子」還殖民了我們的皮膚、口腔、鼻竇、肺部，以及其他的身體部位，數量多達好幾兆。事實上，人體內微生物的細菌基因數量，是人類基因數量的兩百倍。

究竟這些「老朋友」是從哪來的呢？在出生之前，我們處在母親體內一個無菌的環境下。而一離開子宮（無論是自然產還是剖腹產都一樣），就會開始搜集這些友善的蟲子，於是我們的微生物群系就會開始發展。不用多久，我們便開始從母乳以及父母的擁抱獲得這些有益的微生物，最終也會因為我們躺在草地上、養狗或養貓、玩土，甚至是因兄弟姐妹（人越多，細菌也越多！）而獲得。如果你曾經好奇為什麼醫生會盡可能建議自然產以及哺育母乳，都是為了要讓嬰兒可以立刻接觸到這些有益的微生物，好促進健康的微生物群系發展。

健康的微生物對於形塑我們的免疫系統有正面幫助，也會促進一種叫做調節T細胞的免疫細胞生長。我們將在下一章更詳細地談到這些細胞究竟在做些什麼，但是現在，你只要知道**友善的微生物群會訓練我們的調節T細胞，讓它們對於環境的「容忍力」更好，而這有助於避免過敏、自體免疫，以及慢性發炎的發生**。知道了這點之後，你就能理解為什麼眾多研究人員和科學家，都很關心過度無菌化的生產過程及童年經驗——缺少在泥地裡玩耍和撫摸動物的時光、充斥著乾洗手以及各個被殺菌清潔劑擦拭過的表面——可能會破壞免疫容忍力的發展。但還是有好消息的，你將在第7章讀到，我們的童年並不需要真的在污穢不堪的環境中生活，也不需要成天生病或是再也不洗手，好讓微生物生長。相反地，我們可以把注意力集中在進行合理的清潔上，讓自己遠離那些危險的病菌——尤其是遇到像新冠肺炎這樣，跟新興病毒面對面、而身上又沒有免疫能力的情況——同時也能確保自己充分接觸到這些「益蟲」。

不管你的免疫表現是悶燃型、偏誤型、超敏型或是虛弱型，要讓免疫系統重獲平衡最大的挑戰之一，**就是要跟現在住在你身體裡那**

三十八兆隻細菌建立起健康的關係。身為人類，我們需要開始對這些微生物展現敬意，並且讓它們好好善盡自己的工作。否則，我們的免疫系統是沒有任何獲勝機會的！但好消息是，這本書有一整個章節都在談論到底該如何與它們擁有更好的共生關係。

「強化」的原理

如同我們剛才所得知的，使用過分簡化的方式來處理微生物，也就是僅僅試圖「殺光病菌」，已經造成了反效果。然而，在談到免疫系統健康的優化時，我們還是經常落入同樣的思維。如果每次只要讀到一則稱頌、讚美免疫系統「強化」的文章、部落格貼文或是產品廣告，就可以拿到一美元的話，那我明年就可以退休、移居到奢華的熱帶小島上了！讓我說清楚：強化你的免疫反應在某些情況下可能是有好處的，像是遇到虛弱型免疫表現（Weak Immunotype）的例子時，但你必須知道，自己強化的是免疫系統中的哪個部分、強化多少，以及用什麼方式。**單純專注在增強免疫系統的活動，並不總是一件好事。**比方說，如果你有過敏或氣喘，你的症狀是源於已經過度活躍的免疫系統，因此，最不需要的就是「強化」它。有些人的免疫反應相當活躍，到最後開始攻擊自己的組織，此時最有益的便是減少免疫活動，而非增加。我的重點是，**免疫系統的強化，並不存在一體適用的方法**——以這個系統在人體內如何以壯觀的精密性運作來說，那可是一種嚴重的侮辱，同時也等於是忽略了每個人失衡狀況獨一無二的特徵。

協助辨識個人獨特性以做出更明智的決定，是這本書的方向。我的目標是要幫你找到自己在免疫功能失調光譜上的落點，也就是「找到自己的免疫表現類型」。如此一來，你才能更清楚自己需要的是強化、舒緩、還是重新引導免疫反應。而從這裡開始，事情會變得更加複雜：你免疫系統的失衡表現，並不總是只有一種。等你做完書中的四種免疫表現測驗後，可能會發現自己符合超過一種類型。這不僅正常，還很普遍。**免疫失調會有骨牌效應，當你在某個地方失去平衡，通常另一個地方也會亂掉。**

》》》好消息：後天調理＞先天體質

到目前為止，我講了許多可怕的數據、殘酷的真相，以及——我們就誠實地說吧——很多壞消息。我們無疑身處在值得立即關注的免疫失調危機當中。

但也不是都只有壞消息。為什麼呢？就像身體大部分的系統一樣，我們的免疫系統是不斷變化的。每秒鐘都有數十億個免疫細胞死亡、變形及誕生，而這也代表，**每天（甚至是每小時！）都有機會改變我們免疫健康的完整性以及恢復力**。要做到這一點，**我們得在生活方式、飲食、習慣和環境上做出改變**。當我跟病人說起這個觀念時，很多人都相當懷疑，我懂！如果你一輩子都為過敏、某種自體免疫疾病或慢性病所困擾，可能會感覺這一切都不是你能掌控的。讀到這裡，你或許也覺得，一直以來的這些過度清潔、過度醫療以及「追求進步」的社會，都意味著我們有很多需要改掉的舊習，以及需要補強的事情。但我跟你保證，即便你進到免疫學的世界且身處劣勢；即便你深受疾病的折磨，每天的生活都因此而被打亂；即便你從以前到現在，對免疫系統所做的一切都是錯的，你仍然有能力重塑並修正自己的免疫行為。

為什麼我可以這麼確定呢？因為我不只見證了好幾百位病人藉著改變飲食和生活習慣，達成免疫系統的平衡，也看過一篇又一篇的研究，找出了各種免疫健康的問題，與許多可控制因素之間的連結。如果你到目前為止，都是活在傳統的醫學世界裡，那麼，這可能是你第一次聽到這些內容，如果你感到懷疑，我完全能理解。許多醫生甚至專家，對於生活方式上的治療與改變所帶來的影響，都無知得可悲。在醫學院四年的時光中，多數醫生只接受了不到二十四小時的營養學訓練，只有不到20%的醫學院在營養學方面有獨立的必修課程[23]。身為一個醫學院出身、並且發現自己進到實務卻無法給病人帶來支援的人，這一點我比誰都清楚。

這種做法最大的問題之一，就是貶低了營養學、運動以及身心平衡治療的重要性，而把其歸類到健康照護中偏「迷信」的類別，專門用在所謂「替代療法」的採用者上。我們很愛取笑那些修習瑜伽的傢伙，還有喝綠色果汁以及熱愛水晶的人，但我要在這裡告訴你，真正的生活習慣療法，一點也不迷信、瘋狂，更不缺乏事實根據。

研究結果是不會說謊的：一份開創性的研究指出，僅僅四項健康生活要素——不抽菸、維持健康的體重、規律運動以及飲食健康——

加起來，就可以降低80%罹患那些最常見又致命慢性病的機率。再看一次，80%。更不用說：

- 每天攝取十份的蔬果，每年可以預防全世界七千八百人於平均壽命前死亡[24]。
- 75%到90%的人類疾病中，壓力都是成因的一部分[25]。
- 我們環境中的化學物質，與卵巢癌、前列腺癌、乳癌、早發性停經、精蟲品質低落、生育困難、心臟疾病、肥胖與糖尿病都有關[26]（這還只是寥寥列舉幾項而已）。
- 從外加的糖分獲得17%到21%卡路里的人，因心血管疾病死亡的風險，會比那些僅從糖分獲取8%卡路里的人高出38%[27]。研究也顯示了較高的糖分攝取量——尤其是從含糖飲料攝取的糖分——發展出像是類風濕性關節炎這類自體免疫疾病的風險也比較高[28]。
- 每天僅僅只要活動身體十五分鐘，就可以讓你多活三年；也有研究指出，運動可以降低過敏的發炎反應[29]。

生活方式和環境對於我們每天的身體狀況，有著相當重大的影響力，以上只是幾個例子而已。事實上，這些因素甚至可能比你的基因傾向更加重要。近年來，發展出了一個相當熱門的研究領域，叫做表觀遺傳學（Epigenetics），研究的是環境和行為可能會如何觸發或抑制不同的基因。表觀遺傳學（這大約可以翻譯成一個關於「超越基因」的研究主題）告訴我們，透過生活方式的調整，有可能改變DNA的表達。這些改變可能會影響細胞分裂的方法，以及哪些蛋白質被製造出來，甚至還可能關係到你的哪些基因會傳給後代（沒錯，不健康的生活方式所帶來的影響，可能會遺傳給你的孩子！）。我們天生的DNA是無法改變的，但是表觀遺傳學告訴我們，**對於你是否會得到慢性疾病，你的生活方式相當具有決定性的因素**。這其實是好消息，代表即便你的基因帶有特定疾病的傾向——比方說，肥胖、乳癌，又或是阿茲海默症——你還是有很大的掌控權，可以控制自己是否會得到那種疾病。當你對環境進行一些調整時，真的可以改變你基因的表達，並且讓免疫健康回歸正軌。

》》正面迎擊免疫功能失調危機

必須承認，市面上有大量的書都在教你要怎麼變健康，還有如何預防慢性病，但是那些書失敗的點在於：它們常常會忘記，**對不同的人來說，疾病的根源都是不同的，並且幾乎總是可以追溯到免疫系統上**。有很多書會開立處方，教你一些生活的技巧（例如：瑜伽、冥想、禁食）或某種飲食法（例如：低脂、生酮飲食、原始人飲食、無穀飲食、地中海飲食）當作治癒疾病的萬靈丹，以及完美且一體適用的改變，所有人都能因此獲得最佳的健康狀況。雖然這些書籍都其來有自，也存在支持其說法的研究，但並非對每個人來說都是絕對正確或是絕對錯誤的。因為我們各自都有不同的免疫表現，能讓某些人獲得活力和健康的生活方式或飲食計畫，可能會讓其他人身體不適。

在這本書中，我們談的是一個較為精緻且個人化的方法。接下來的內容，我會教大家如何對自己的習慣、環境以及飲食做出具體的改變，也會使用集中式的自然療法，助免疫系統一臂之力，使其回到平衡狀態。這會讓你的發炎反應回到健康的程度，並跟環境中的微生物發展出一個比較健康的關係，最後確保你的環境會讓你的基因表現達到最佳化。

我之所以如此強調獲得健康的免疫系統，是因為**當免疫系統正常運作時，是可以救人一命的**。但同時，當它沒有好好運作時，會是極度缺乏效率且具有超乎想像的毀滅性。免疫系統裡的某些細胞，比任何人類製造的藥物都更加強大。比方說，有些細胞可以將化學物質注入細菌裡面並將其毀滅；有些細胞可以找出有害的寄生蟲，然後整個吞噬殆盡。但是，在某些狀況下，同樣的細胞可能會抗拒移植進來的器官、摧毀自身的紅血球，或者讓我們發生過敏性休克。這些肉眼看不見的細胞真的很厲害，對吧？我們的免疫系統裡有很多這樣的細胞。每一天，免疫系統都在監測著所有我們皮膚碰觸到的、進到鼻子裡的、喉嚨吞下的東西。我們每天會遇到大約一億種身體需要預防感染的病毒和細菌，於是免疫系統就會開始動作，進入發炎狀態，殺掉那些必須殺掉的病菌，在我們甚至都還沒注意到之前，就把它們都解決了。

免疫功能失調的危機變得如此嚴重，原因之一就是，若要對免疫系統複雜的運作達到深度的瞭解，可能會花上多年的時間。跟我們的荷爾蒙或是大腦很像，關於免疫系統的機制還有非常多需要探索之處。雖然這麼說，過去的數十年來，我們對於免疫系統裡各種變動的要素也已經有了相當程度的理解，關於它們之間如何彼此結合，以及各自負責什麼角色，好讓我們保持健康。**要重建免疫系統的平衡，具備基本的免疫知識相當重要**，因此在下一章，我們就直接進教室來學習吧。

Chapter 02

瞭解你的免疫大軍

記得我說過，人體免疫系統對醫療界的許多人來說，都還是一個謎嗎？我還說過免疫系統是由無數的細胞、受體及訊號所組成，即便是絕頂聰明的人聽了都會頭昏腦脹，記得嗎？對，我沒騙人。你可能會在花了多年時間研究免疫系統的複雜精細之後，讀到一篇新的研究或報告時，卻依舊摸不著頭緒。但，接受這項挑戰是很重要的，因為對免疫系統擁有基礎的認識相當關鍵，這是我們在新冠疫情下所學到的教訓。這次疫情，許多人都不具備足夠的知識去理解這種威脅、計算自身風險，以及做出決定、保護自己，也就沒有付諸行動的信心，因而受到了相當大的驚嚇。多數人感到不知所措、準備不足，感覺像是有很多工作得趕緊補上。

但還是有好消息：關於免疫系統，你只需要如考前重點整理版的內容就可以掌握相關概念、理解是什麼在驅動你的免疫表現，並且制定一份計畫，讓你的免疫系統重獲平衡。這個章節會把整個舞臺都布置好，讓你可以好好欣賞免疫系統日常如何運作，以及當其往悶燃型、偏誤型、超敏型或是虛弱型發展時，會發生些什麼事。我在這裡介紹的概念，可能有滿多是你從來沒聽過的，所以請忍耐一下，我已經試著只集中在那些你真正需要的資訊，並且努力不要講得太過火、深究一些枝微末節，免得你最後直接把這本書拿起來往牆上砸。

》》專屬於你自己的免疫大軍

說到免疫系統，有好多種比喻的方式可以選擇，但我認為最貼切的描述，是把免疫系統比做一支軍隊——**專屬於自己、住在你身體裡的軍隊！**我們不得不跟外面的世界接觸，也不得不去面對受傷及疾病的威脅（除非你願意活在某種泡泡般的隔離室裡）；因此，我們需要內建一套系統來對抗這些威脅、保護我們的健康。這套系統必須要迅速、聰明且有效率，意思就是得要有很多可以上場的戰士，一起合作、向著保護你這個目標去努力——於是就有了「軍隊」的比喻。

剛出生的時候，你的這支軍隊還不成熟，幾乎都得仰賴從母親身上以及母乳中得到的抗體，才能保護你免於感染。正如同我們前面所學到的那樣，你降生在地球的那一刻，就是你首次開始把友善的微生物叢納入體內之時，而這也意味著，即便你是初來乍到這個世界，你的免疫系統大軍也已經開始招募士兵，並且加以訓練了。就像軍隊有不同的分支，你的免疫系統也是如此。最大的兩個分支叫做**「先天免疫系統」**與**「後天免疫系統」**，兩者的目標不同，旗下也有著各自的士兵、武器以及訊息交換系統，它們也會互相合作，好讓保護力可以達到最佳狀態。

我們會從先天免疫系統開始。以「軍隊」的比喻來說，這個系統是由免疫戰場上的「前線士兵」所組成的。

先天免疫系統：前線士兵

假設你現在出門慢跑，不小心絆到了腳，還摔倒了，膝蓋上出現一個大大的傷口。在短短一瞬間，骯髒街道上的細菌就會順勢從你破掉的表皮進到你的體內。很噁，是吧？好在先天免疫系統中有大量的細胞不分晝夜、時時刻刻都在你的體內巡邏，以找出許多細菌、病毒、黴菌還有其他入侵者都有的特定模式，或是信號。

先天免疫系統負責的是我們「非專一性免疫防禦」，意思是，當免疫系統偵測到抗原時，會啟動「一般性」的保護反應；而所謂的「抗原」，指的是大多數入侵者表面的分子。「先天」這個詞意是「與生俱來的」或「天生的」，它是我們出生時就有的，不是會隨著我們成長，以及在生活中遇到各式各樣的細菌、進而也跟著成長的一套系統，這點應該沒什麼好意外的吧。隨著我們年紀增長，先天性免疫系統通常會越來越衰弱，事實上，這就是為什麼年長者在遇到新冠肺炎時有較高的風險會發展出重症，而兒童則幾乎沒什麼重症風險。

先天免疫系統是我們抵禦外來侵入者以及傷害的第一道防線，並且在生理及心理上都有屏障，於第一時間就把有害物質擋在體外。先天免疫系統的組成包括：

- 我們的咳嗽反射，有助於把可能引起我們不適或是感染的東西排出體外。

- 眼淚以及皮膚油脂中各種不同的酵素。
- 我們的分泌物，可以捕捉細菌及細小粒子，並且排出體外。
- 我們的皮膚，能作為實體的屏障，阻隔體內及外在世界。
- 我們的胃酸，有助於殺死那些透過食物及飲水進入體內的微生物。

先天免疫系統的組成中，也有一些細胞在經過訓練之後，會對許多外來物質中常見的分子或抗原產生反應，包括細菌、病毒及寄生蟲。你可以把這些細胞想成是駐紮在體內不同地點的士兵，時時在巡邏、偵查是否有潛在威脅。免疫系統的強度，取決於這些士兵是否有能力在專門的細胞抵達現場之前，以迅雷不及掩耳的速度，對外來微生物做出反應並防止這些物質在體內散布開來。於是，當街上討人厭的細菌經由傷口進到你的血液裡時，你的先天免疫系統就會辨認出細菌的存在，並且敲響警鐘，把整個兵團的守城兵都叫醒。

先天免疫系統的士兵：吞噬細胞、自然殺手細胞，以及嗜中性球細胞

先天免疫系統這支軍隊中最重要的兵團之一，叫做「專一性吞噬細胞」（Professional Phagocytes）。由於我是1980年代的小孩，我喜歡把這些細胞想成是免疫系統中，那些吃豆子的小精靈（Pac-Man），酷愛把東西大口大口吞掉。在希臘文中，「Phago」是

「吃」的意思，而「cyte」則是「細胞」。因此基本上，這些細胞就是專業的吃貨（這工作挺不錯的，對吧？）。

吞噬細胞當中，最重要的就是**巨噬細胞、嗜中性球細胞以及樹突細胞**。顧名思義，你大概也猜到了，巨噬細胞（Macrophages）就是非常大型的吞噬細胞，會在像是皮膚、肺及腸道這些組織中逗留，掃描看看是否有危險的入侵者可以讓它們大快朵頤。而當沒有忙著啃食入侵者時，它們在免疫系統中就扮演著清道夫的角色，會清理細胞的殘骸，讓你的身體保持在最頂尖的狀態。

當事情變得有點棘手，讓巨噬細胞開始感覺難以招架的時候，它們則可以跟免疫系統裡的其他細胞溝通（利用一連串複雜的化學傳導物質，我們很快就會學到這部分），並傳遞自己需要後援的消息。這就是嗜中性球（Neutrophils）登場的時機。這些細胞有點像是免疫系統裡的神風特攻隊，換句話說，它們就是「為了赴死而誕生的」，但在造成一定的傷害之前，它們是不會死的。嗜中性球粉墨登場的時候，會用有毒的化學物質把病原體吞掉，意思就是在發現感染時，把病原體「液化」（告訴大家一個有趣的小知識：當你被感染時，所出現的黃綠色液體——膿——就是這樣來的）。這道化學濃湯的缺點在於，它同時也會對你身體的組織造成傷害，並引發許多連帶而來的附加傷害。假設只有一點點還沒關係，但如果嗜中性球引發的混亂沒有適時地被快速收拾乾淨，而同時感染源還持續存在的話，這道毒濃湯所帶來的循環就可能會持續下去，造成嚴重的損傷以及慢性發炎。

我們先天免疫系統陣容中的另一員猛將，就是名副其實的「自然殺手細胞」（Natural Killer Cell），簡稱「NK細胞」。這個傢伙在對抗許多不同類型的感染時，都是一個強力的武器，但特別擅於對付病毒。如果你的NK細胞有基因缺陷的話，就有可能會難以控制某些特定的病毒，像是那些造成喉嚨痛，或是皰疹以及人類乳突病毒所造成的疣。NK細胞也是我們的癌細胞複製並且擴散出去之前，將其辨識出來並加以摧毀的主力。NK細胞對於細胞來說是致命的，會把酵素打進那些被病毒或是癌細胞所感染的細胞中，向它們發出「自殺」的指令。

如果不談談那位最有趣的士兵——星型的樹突細胞（Dendritic Cell）——的話，我們針對先天免疫系統的討論是無法好好收尾的。樹突細胞在我們的先天免疫系統以及後天免疫系統中間，扮演著某種像是信差的角色。樹突細胞跟巨噬細胞的運作方式很類似，都可以吞掉一些入侵者。但是接下來，樹突細胞並不會將入侵者全部吃乾抹淨，而是趕緊帶到我們後天免疫系統的細胞面前，讓更專業分工的細胞可以做出更加明智的決定，選擇下一步該怎麼走。樹突細胞常常會待在我們內在世界與外在世界的邊界處，時時在我們的皮膚、鼻子、肺部以及腸胃道巡邏。

如你所見，我們的先天免疫系統有很多不同的士兵在身體內巡邏，二十四小時全年無休、彼此合作，殺死那些危險的入侵者以及癌細胞，接著再把這片狼藉給清理乾淨。你不覺得看起來就跟許多複雜的物流系統很像嗎？沒錯，正是如此！好在我們的免疫系統有一套精細複雜的溝通網絡，這確實就是這套系統成功的祕密配方。否則，免疫系統就只是一群缺乏行動指令、到處橫衝直撞的細胞。

》》細胞激素的美好世界

想像一下，假如所有的基地臺、家用電話、數位網路以及郵政系統全都故障的話，會是怎樣的狀況？一想到我們將面對何種困境，就讓我不寒而慄。在缺乏任何通訊管道的情況下，我們所知的社會將會崩塌。嗯，我們的細胞激素之於免疫系統的重要性就是如此；事實上，5G跟我們的細胞激素比起來，根本只是小巫見大巫。

在免疫細胞之間作為信差的細胞激素，已知的就有超過百種。**我們的免疫細胞全部都會用細胞表面的不同受體，去分泌以及接收不同的細胞激素，有點像是小小的基地臺或是Wi-Fi路由器**。細胞激素常常因其會造成嚴重的發炎問題，如「細胞激素風暴」、器官移植的排斥，以及敗血性休克，而聲名狼藉。但是，當你以更宏觀的角度來看時，將發現一味批評它們是不公平的，這也是過分簡化我們體內系統，可能會讓我們偏離正軌的一個例子。為什麼呢？因為有大量的發炎性細胞激素、調節性細胞激素及抗炎性細胞激素每天都在努力工作，好維繫我們的生命，並且讓我們的身體可以健康且平衡。它們都是必要的存在。

所以細胞激素是什麼？又有多少呢？如果我把你體內全部的細胞激素都列出來，你一定會看得眼花撩亂（細胞激素分很多類型，每種類型還有不同的家族，也就是會有超過一百個讓人費解的名字和符號）。好險沒有必要把這些都一一背起來。要理解你個人的免疫表現型如何形成，以及如何改變它，只需要掌握一些用語即可。你只要知道當細胞激素適當地發出訊息時，它們對你的免疫系統來說就是重大的資產。所以，沖杯濃咖啡，再忍受我幾分鐘。有幾個主要的細胞激素家族，是你需要去熟悉的。

■ 白血球介素（Interleukins，ILs）

這些化學物質有四十種左右，每一種都在對抗各種感染及安撫免疫反應中扮演著要角。它們最有名的一個功能就是造成發燒，這有助於提高體溫去對抗微生物。白血球介素是由先天和後天免疫系統中許多不同的細胞所分泌出來的。當數量適中的時候，它們是好東西，但當它們的活動失控時，往往是慢性發炎及過敏的罪魁禍首，因此也關係到一種以上的免疫表現型。

■ 干擾素（Interferons，IFNs）

這些小子是對抗病毒和腫瘤的關鍵。它們有三種：alpha（α）、beta（β）、gamma（γ），因「干擾」增生中的病毒及癌細胞的能力而得名。你可以把它們想成是一種求救訊號，因為干擾素是由被病毒及癌細胞所感染的細胞，為了求救所分泌出來的。它們會通知其他像是NK細胞以及巨噬細胞過來殺死壞人。你生病時的發燒和身體疼痛，它們也要負起一部分的責任。干擾素療法在治療癌症以及肝炎時相當有用，而且一些特定的干擾素阻斷劑，會被用於治療像是多發性硬化症及類風濕關節炎這些自體免疫疾病，因為當干擾素的訊號傳遞受到誤導時，就會引發這些疾病。

■ 腫瘤壞死因子（Tumor Necrosis Factor，TNF）

正如其名，這種化學物質有助於分解癌細胞，但是它也會對抗病毒和細菌。腫瘤壞死因子是由巨噬細胞所分泌出來的，目的是當出現感染時，用以號召其他像是嗜中性球細胞及自然殺手細胞來加入戰鬥。腫瘤壞死因子也是某些類型的T細胞所分泌出來的、一種相當關鍵的細胞激素，好持續這場對抗入侵者和細菌的發炎戰鬥（T細胞是後天免疫系統裡，其中一種主要的細胞類型，我們馬上就會學到這部分）。當腫瘤壞死因子訊號發送不正確時，可能會是數種自體免疫疾病中組織壞死的一個主要原因。其實，治療像是克隆氏症以及類風濕關節炎的藥物，經常都是為了阻斷腫瘤壞死因子發送訊號。

呼！就這些了，還不算太糟吧？接下來，當我們進一步談到你具體的免疫表現型的時候，無論如何，你都會更深入瞭解生活方式的變因，是如何影響著細胞激素的訊號傳遞系統。

》》》後天免疫系統反應：特種部隊

我們的先天免疫系統在抵禦各種抗原上相當厲害，它可以在偵測到威脅的瞬間就即刻採取行動，但有的時候，這樣還不夠。**細菌和病毒是相當狡猾的微生物；它們可以突破重圍並且變形，成為更有抗性的病原體，以騙過我們的先天免疫系統並讓其難以招架。**這種時候，先天免疫系統裡的兵士們就需要請求支援。好在我們有一組高明的細胞，可以立刻啟動、適應這些改變，用更具體的方式辨認出入侵者；並且製造出記憶細胞，在抗原再次現身時保護我們，即便好幾年、甚至好幾十年之後也依然有效。就像是一位士兵試著要擊倒目標，不過馬上就發現自己沒有能力處理這種情況，於是他請求支援，接著在特種部隊受訓的同袍出現，救了大家。**這些高階的士兵就是你的後天免疫細胞，它們負責的是「後天習得的」，或是「針對特定抗原的」免疫力。**

》》》B 細胞和 T 細胞：後天免疫反應的士兵

關於後天免疫反應，你需要知道的最重要一點是，那是針對特定抗原，並且在我們生命進程中接觸到越來越多細菌時習得的（因此有著「獲得性免疫」、「專一性免疫」這些稱呼）。我們後天免疫系統是有記憶的，這解釋了為什麼我們不會重複感染，也是疫苗之所以有效的原因。後天免疫反應也讓我們可以分辨自己身體的組織以及外來入侵者，意思就是，這對於預防自體免疫疾病是相當關鍵的。而後天免疫系統中的這些活動，有兩種關鍵的細胞，叫做淋巴球「B細胞」及「T細胞」。

■ B細胞與抗體：我們身體的資料收集員

B細胞很了不起，原因有二。第一，它們記憶力絕佳；第二，它們可以製造抗體，也就是為了要回應病毒或是細菌身上的特定抗原，所製造出來的蛋白質，可以讓我們對那種特定的感染源產生免疫力。當B細胞還是幼體時，就擁有辨認數十萬種不同病毒和細菌的潛力，但它們只會待在我們的淋巴結裡。可是當B細胞接觸到某個特定抗原時——通常是在受感染的細胞或是細菌的表面接觸到的——它就會從淋巴結進到血液中。而到了這裡，B細胞會變身成這兩種東西的其中一種：（1）另一種不同的B細胞，叫做「漿細胞」（Plasma B Cell），會製造生成大量的抗體以對抗抗原；（2）「記憶B細胞」（Memory B Cell），會在你的身體裡待好幾年，當你又接觸到同樣的抗原時，該記憶細胞就可以快速保護你。你可能已經猜到了，漿細胞和記憶B細胞都是疫苗之所以能夠帶來長期免疫力的原因；這也是為什麼我們通常不會重複感染像是水痘或傳染性單核白血球增多症，而再次生病。

如同剛剛所學到的，漿細胞的主要工作之一就是製造抗體，這些抗體也稱做免疫球蛋白。抗體的運作方式，是辨識特定的入侵者並加以捕捉、標記，好讓其他免疫細胞來摧毀。抗體也分為幾個「等級」，長相以及行動方式都不一樣。最重要的免疫球蛋白有IgM、

IgG、IgA及IgE。IgM是抵禦抗原時，作為「早期防禦」的抗體，可以非常有效地標記入侵者，讓其他細胞來破壞。但是它的生命週期很短。因此當IgM生成後，B細胞會轉而製造IgG，它們會長期保護我們免於某種抗原的感染，這些IgG抗體可以待上好幾年，甚至是一輩子。

IgA則是我們所擁有的抗體中數量最多的，這是因為它們得要覆蓋我們的黏膜表面，像是口腔、肺部、鼻腔及腸胃道。它們不太會在血液中四處流動，而是固定待在某個地方，像是酒吧的保鑣那樣；IgA對於保護我們的身體免於不速之客的入侵——特別是病毒——扮演著重要的角色。最後，IgE是我們的「過敏抗體」，其實是為了保護我們免於寄生蟲入侵而存在——它可以辨識、並且標記這些討人厭的蟲子以及阿米巴原蟲，讓其他的細胞來打倒它們。但是，當這種抗體失衡的時候，就會安排釋放組織胺以及化學物質，讓我們出現煩人的季節性症狀，像是打噴嚏、流鼻水、氣喘，以及食物過敏。

如果你覺得：「哇！B細胞似乎滿重要的。」那麼你想得沒錯，確實如此。雖然感覺B細胞已經考慮到所有的方方面面了，但它們還是不會、也不能自己運作整套後天免疫系統。它們從我們剛學到的、美妙的細胞激素訊息傳遞系統中，獲得了大量的幫助。細胞激素的傳訊，讓B細胞可以瞭解到它們需要製造出IgG以對抗鏈球菌咽喉炎，或是製造出IgA好殺死你的孩子從托育中心帶回家的輪狀病毒，又或者是要生產IgE來摧毀那些你在印度進行瑜伽修行時所感染到的寄生蟲。B細胞也會接受後天免疫系統中其他主要細胞的幫助：T細胞。

你馬上就會學到，T細胞在四種免疫表現型都是背後要角之一，決定了我們會不會過敏，能不能對細菌和病毒展開有效的回應，甚至是我們會不會發炎，或發展出自體免疫疾病。

■ T細胞：免疫系統裡的將軍

就跟B細胞及其抗體一樣令人驚豔，後天免疫系統真正的力量其實在於我們的T細胞——它們是領袖細胞。T細胞有兩種主要的類型：「輔助T細胞」（Helper T cell）以及「殺手T細胞」（Killer T Cell）。這些卓越又多才多藝的輔助T細胞，才是我們免疫反應真正的幕後智囊， 1980年代愛滋病大流行期間的嚴重後果，已清楚說明了這點。怎麼說呢？因為人類免疫缺乏病毒（HIV病毒）專門攻擊輔助T細胞並將其摧毀，導致嚴重的免疫缺陷，讓身上有HIV病毒的病人死於一些一般來說無關緊要的疾病。自1980年以來，我們對於輔助T細胞如何像是一位免疫系統裡的資料科學家般運作，已有了許多瞭解。它們會從像是之前學到的巨噬細胞及樹突細胞等先天免疫系統細胞接受訊息，接著對這些資訊進行翻譯，讓我們的身體理解要對抗什麼。輔助T細胞會提出一些問題，像是：我們面對的是什麼東西？黴菌、寄生蟲、細菌還是病毒？問題是出在身體的哪個地方？需要警示哪些免疫細胞？

當T細胞一獲得這些資訊，事情的進展就變得有趣了。根據所面對的侵入者類型，會有專門的輔助T細胞子類來對付。在T細胞接觸到任何病原之前，都是「初始狀態的」，然而，一旦它知道自己要對付些什麼，就會變身成特定的輔助T細胞。這整套流程讓免疫系統可以精準且有效地清除感染源，並且修復發炎。這些特定的輔助T細胞子類盛行率，對於導致那四種不同的免疫表現型，也扮演著舉足輕重的角色。為什麼呢？我們的身體一旦開始製造不同類型的T細胞，就可能會卡在某一種模式下，而製造出太多同類型的細胞，導致失衡。輔助T細胞的四種子類型分別為Th1、Th2、Th17以及調節型T細胞。如果這些細胞太多的話，可能會改變你的免疫反應，並且造成不同的症狀與疾病。

更糟的是，輔助T細胞一旦決定投身成為Th1、Th2、Th17或是調節型T細胞的其中一種，就變不回來了。它們會開始釋出細胞激素，促使同類的細胞大量激增，形成一種滾雪球般的效應。如果我們不從這個模式中脫離出來，這種失衡或是某種輔助T細胞成為數量上的主宰——也稱為T細胞極化——可能會影響到細胞激素的訊號傳遞，導致悶燃型、偏誤型、超敏型或者虛弱型的免疫表現。

另一種要注意的T細胞，則是殺手T細胞。它們可以直接殺死被感染的細胞，很類似先天免疫系統中的自然殺手細胞。殺手T細胞的賣點在於，它們有能力辨認出侵入者的具體身分——像是病毒、癌細胞，或者是在某方面受到損害的細胞——然後自己把其全數殲滅。殺手T細胞在對的情境下是極為有用的，但如果失衡的話，你的身體就有麻煩了。事實上，殺手T細胞涉及許多疾病的進程。舉例來說，對於青少年糖尿病（第一型糖尿病）來說，殺手T細胞會摧毀製造胰島素的細胞；而對於類風濕關節炎來說，殺手T細胞則是會傷害關節組織[1]。不過，要是沒有殺手T細胞，我們就無法對抗像是人類疱疹病毒第四型（Epstein-Barr Virus，又稱EB病毒）[2]這類病毒了。你看，一切又都跟平衡與否有關了，對吧？

在我們準備來談免疫修復計畫之前，關注的重點之一就是支持健康的T細胞平衡，特別是輔助T細胞。這裡有個好消息：大部分的輔助T細胞以及其子類型在任務完成後，都不會活太久，因此有很大的機會可以翻轉這個雪球效應、重回正軌。我們可以藉由改變幾個生活習慣的因素來達成這件事，包括：睡眠、壓力、腸道健康、環境以及營養習慣。藉由對上述幾點做出特定調整，我們就可以針對T細胞的行為表現，讓失衡的免疫系統回到健康的狀態。

》》你的免疫系統大軍詞彙表

呼！你做到了，恭喜，你現在是自己免疫系統的專家了。在這個章節，我丟出了很多資訊給你，如果記不得的話，也不用擔心，我把剛學過的專有名詞整理成一份詞彙表，建議你把這一頁標記起來，只要遇到忘記的詞彙，就隨時回來翻看。特別是當我們開始談到生活習慣的改變時，我會引用一些研究資料，而這些研究量測了不同的因素，像是輔助T細胞、抗體、特定的細胞激素等。因此，如果有一份速查表將會很有幫助的。

1. **抗原**：一種我們的免疫系統可以辨識出來的分子或結構，在細胞表面及內部都找得到。在外來入侵者以及我們自己的細胞、食物分子、毒素身上也可以發現到它們。名符其實，抗原可以引發抗體的反應。
2. **先天免疫系統**：先天免疫系統是我們身體的第一道防線，會在第一時間立刻反應，以減緩傷害或是感染的擴散。它帶來的是「非特定的」免疫力，而這是我們與生俱來的免疫系統。
3. **吞噬細胞**：把吞噬細胞想成是免疫系統裡的小精靈（Pac-Man），它們是專業的吃貨，會把微生物及受損的細胞都大口吞下。有三種主要的吞噬細胞：
   - **巨噬細胞**：大型的吞噬細胞，會待在你的組織裡，掃描是否有危險的入侵者可以吃。它們也會清理細胞的殘骸，在免疫系統中扮演著「清道夫」的角色。
   - **嗜中性球細胞**：這種吞噬細胞會吸收病原體，同時也會將一份充滿毒物的濃湯注入到入侵者體內，而這也會產生有毒的殘骸，需要進一步收拾乾淨。
   - **樹突細胞**：這些星型的細胞是先天和後天免疫系統之間的信差，會分類揀選入侵者，再把它們帶到B細胞和T細胞面前。
4. **自然殺手細胞（NK細胞）**：這些先天免疫細胞，會將致命性的酵素注入到被病毒或是癌細胞感染的細胞裡，並下指令要它們自殺。

5. **細胞激素：**先天和後天免疫系統的化學傳導物質，常提到的細胞激素有腫瘤壞死因子（TNF）、干擾素（IFNs），以及白血球介素（ILs）。細胞激素傳訊上若有問題，可能會變成免疫系統失衡的根本原因，就像我們在四種免疫表現型所看到的那樣。
6. **後天免疫系統：**負責的是「針對特定抗原的」或是「後天習得的」免疫反應，是在生命進程中逐步建立起來的。
7. **B細胞：**這些後天免疫細胞會產生記憶，並且製造針對某種抗原的抗體。
   - **漿細胞：**這種B細胞會製造抗體。
   - **記憶B細胞：**會對特定抗原產生記憶，為你帶來長期的保護力。
8. **抗體：**這些蛋白質是漿細胞所製造的，能夠在入侵細胞的表面做記號，好讓其他免疫細胞可以進行摧毀的工作。
9. **T細胞：**這些後天免疫細胞會增生，並且分化成輔助T細胞以及殺手T細胞。
   - **輔助T細胞：**會刺激B細胞去製造抗體、影響細胞激素的訊號傳遞，並協助殺手T細胞的發展。輔助T細胞有四種主要的類型：Th1、Th2、Th17及調節型T細胞。

· **殺手T細胞**：由細胞激素所驅動，會直接和那些已經被外來入侵者所感染的細胞結合，並且殺掉它們。

現在，我們搞懂了免疫功能異常的危機，也對免疫系統主要的角色有了基本的理解。是時候更深入地去瞭解免疫系統到底哪裡出了問題，進而導致那四種免疫表現型了。這個問題的答案，就在於人人似乎都知道的——發炎反應。是什麼造成慢性發炎？一開始誘發發炎反應的又是什麼？有什麼是我們真的能做的？以上及其他的種種問題，會在下一章解答。

Chapter 03

慢性發炎：免疫系統失衡的核心

要如何找出慢性發炎？需要使用專門的X光影像嗎？我每天都會看到慢性發炎以不同的外衣進行偽裝，我的病人葛瑞格就是如此，他有高血壓，體重也不斷增加。比爾也是，他老是在生病，又總是壓力很大；還有凱莉，她的氣喘不斷加劇；瑞秋的關節炎也時常失控。表面上，這些人的狀況都不一樣，但是把症狀的那層紗揭開之後，你會看到他們有一個共同點：**慢性發炎。而這就是導致我們的免疫表現失衡，最終帶來所有健康問題的根本原因。**這些失衡不是一夜之間形成的，而是多年、甚至是數十年下來接觸到的事物、壓力及其他因素的堆疊，最後到達極限，於是被診斷為一種病狀或疾病。在這一章，我們會更深入討論發炎反應，以及它如何造成四種不同的免疫表現型。

》》發炎令人無法忍受，又不可或缺

在西元一世紀，羅馬學者凱爾蘇斯（Aulus Cornelius Celsus）用了四個拉丁文的詞彙來描述發炎反應：rubor、calor、dolor、tumor（紅、熱、腫、痛）[1]。雖然現在我們對於發炎的瞭解比兩千年前多出許多，這些詞依然精準地描述了發炎時的感受。必須承認，這四種反應聽起來並不怎麼美好。如果你在新聞、部落格或是其他書籍中讀過任何關於發炎的內容，可能會認為發炎都是不好的，最好徹底消滅它們。「抗發炎」在許多時候儼然成了「健康」的同義詞。

然而，這種說法只對了一半。更準確的描述是：**發炎反應對於生命的存續是絕對必要的，是我們免疫系統活動中不可分割的一部分，而且可以保護我們免於各式各樣的傷害。**

救命的發炎反應看起來是這樣的：假設你扭傷了腳踝，在數小時之內，腳踝就腫得像顆紅色氣球，又有瘀傷、痛到不行，讓你沒辦法走路。太棒了！因為你的免疫系統在運作，打開血管好讓體液、血液及白血球進來修補受傷的組織，以及治癒傷害，讓你可以在數日後擺脫拐杖。當你得到鏈球菌咽喉炎的時候，也會發生同樣的事情。你的淋巴結腫大、喉嚨又紅又熱，你發燒並且扁桃腺化膿，不過，這些都會在一週左右康復。

在第一個案例，受傷的韌帶和肌肉為了要修補並治癒因扭到腳所帶來的傷害，出現了發炎反應。而在咽喉炎以及其他的感染案例中，你的身體為了要抵禦危險的外來微生物，因此發炎反應的重點是殺死入侵者。**如果沒有快速的發炎反應，你會長時間都處於重病狀態**。病毒、細菌以及其他感染源，幾乎無時無刻不帶來嚴重的疾病，而且要從傷害及手術中復原，會需要花上非常長的時間。所以，你應該慶幸你在第一時間就發炎！但是，當感染源或者傷害排除之後，通常還有其他的連帶傷害，而健康發炎反應的第二步，就是要把這團混亂解決並收拾乾淨。然而，事情往往就是從這裡開始出錯的。

》》當發炎沒有幫到忙，反而帶來傷害時

免疫系統的核心任務是找出危險的細菌、病毒、寄生蟲及癌細胞並加以摧毀，好讓我們得以生存並且保持健康。為了達到這個目的，我們必須要短期性地發炎、殺掉那些不速之客，接著快速轉變態度，開始清除並修復受損的地方。**整個過程很像一場在掌控中的森林大火——土壤、森林，以及氣候條件，都必須是完美的狀態，讓其可以有效燃燒，卻又不會引起一場烈火地獄**。免疫系統需要一支訓練有素的消防隊，能夠完成任務且不會引發外溢效應。

不幸的是，事情並非總是按照計畫發展。當我們體內出現受傷的組織或是具感染力的微生物時，位於該區域的細胞會開始用細胞激素去點燃烽火臺求救。這對於像是嗜中性球這種免疫細胞來說，就等同是戰場上的號角聲響起，呼喚它們去到那個地方，大口大口吞下微生物以及受傷的組織。

就像我前面所說的，嗜中性球在完成殺戮的工作之後也會跟著死

去，這個現象叫做「細胞凋亡」（Apoptosis），或是細胞計畫性死亡。「細胞凋亡」是一種相當乾淨且組織性的死亡，大概需要數小時的時間，而且不只是免疫細胞，我們體內所有細胞其實都會發生。當細胞被下令死亡時，它們會設定好一個內在的計時器，像是定時炸彈那樣。時間到了，便向巨噬細胞（記得嗎，它們是免疫系統中的小精靈兼清道夫！）發送訊號，請這些清道夫趕到現場，把整個細胞連皮帶肉全部吞下去，以免把現場弄得一團亂。過程中還會釋放額外的抗發炎訊號，好舒緩在威脅解除、收拾善後時的發炎反應（我一直都覺得嗜中性球這個死前最後一搏、告訴身體「現在都沒事了」的機制，相當令人讚嘆）。

但如果附近的巨噬細胞不夠，無法完整把混亂收拾乾淨的話，會發生什麼事呢？此時，體內充滿微生物屍體的嗜中性球會在那邊乾等，像是一包早該拿去丟的、發臭的垃圾。而且萬一沒被吃掉，它們還會釋出有毒的物質，而這將帶來更多的傷害、刺激更多發炎性細胞激素，並吸引更多嗜中性球來到現場，也就需要更多的巨噬細胞來收拾垃圾。如你所見，隨之而來的是一個麻煩的循環：細胞死亡、清理得不夠乾淨、更多細胞死亡、需要更多的清理工作……這個無解的發炎反應，是許多疾病背後的一個關鍵性問題。**無法移除這些死亡的嗜中性球，其實就是自體免疫疾病潛藏的原因。**

關於我們持續發炎的另一個因素，得要說到一個故障、關不掉的危險訊號。在我們所有的細胞內部，都有一組感測危險的蛋白質，統稱為 NLRP，這些蛋白質可以偵測到細胞受微生物感染或是因毒素而損傷，甚至是附近受傷、即將死亡的細胞。就像是一批準備自我毀滅的特洛伊木馬，這些NLRP會在細胞內聚集，並且組成一個名為「發炎體」的結構，引導細胞用一種激烈的方式自我毀滅，稱為「細胞焦亡」（Pyroptosis）。

NLRP之所以這麼做，是為了要預防那些在細胞外無法存活的感染擴散，像是病毒，但同時也會發送具有超級發炎性的細胞激素，像是白血球介素-1 beta（IL-1β），以警示免疫系統中的其他部分，告訴大家附近有威脅出現。這種狀況經常發生，一般而言，事情很快就會重回平衡狀態；但有時候，這個危險的訊號及發炎體活動，會一直卡在開機的狀態，然後許多細胞也開始被燒到、發出危險訊號給鄰近細胞，鼓勵它們做一樣的事情並且快逃。慢性病毒性感染及毒素，能夠發出訊號來引發這種發炎體活動，而心血管中受損的組織、痛風關節處可以找到的尿酸結晶，甚至是阿茲海默症患者腦部中的硬塊，也同樣可以。如你所見，這就是慢性發炎在體內造成更多發炎，並導致更多細胞死亡的另一種方式；同時也顯示了**致力於移除慢性發炎的源頭**——關於這點我們稍後會進一步瞭解——**可以預防逐漸失控的發炎循環，因而有助於改善免疫系統健康。**

最後，另一個促進發炎的物質，是我們所有細胞裡都存在的一種蛋白質，叫做NF-κB（核因子活化B細胞κ輕鏈增強子），會在我們的細胞內漂浮，等待像是受損細胞、病毒、毒素、發炎性細胞激素的訊號出現，基本上就是蓄勢待發地等著。當訊號終於出現的時候，就會活化NF-κB轉錄DNA，讓基因去製造蛋白質。這聽起來沒什麼問題，但是這些製造出的蛋白質，目的是要活化免疫細胞以及細胞激素，讓免疫反應擴大。

如果你想：「哇，這對我來說有點太複雜了……」我完全能理解，你也沒有選修大學程度的免疫學，那我到底幹麼要跟你說發炎體、NF-κB還有激烈的細胞死亡？因為我希望你理解發炎的目標。就像孫子所言：「知己知彼，百戰百勝。」**當我們可以具體看到不健康的生活習慣會如何啟動這些發炎反應，還有健康的生活習慣如何使其停止，捨棄糖果零食、伸手去拿新鮮水果就變得容易多了。**畢竟，比起納悶著晚上喝的薑黃茶對於發炎反應有沒有幫助，真的清楚你喝的每一口茶都是在停止NF-κB系統運作，同時一步步邁向減少發炎的未來，這樣不是更好嗎？知識就是力量。

細胞激素風暴以及走偏的免疫系統

我們剛剛學到了一些不健康的發炎反應後相當複雜的機制。複習一下，橫行霸道的免疫反應通常是下列三個主要原因所造成的。

- 發炎在不需要的時候被激發了。
- 發炎反應不會停止。
- 最初導致發炎的源頭還賴在那裡。

那麼，下一個問題是：我們現在可以怎麼辦？你可能會感覺發炎反應存在身體深處，因此我們鞭長莫及。那就錯了！事實上，當我們需要降低慢性發炎，好讓免疫系統重回平衡狀態時，第一件事情就是應該要把雙倍的注意力放在「尋找生活中不必要發炎的源頭」。這是免疫修復計畫中一個很大的部分，而且一點都不意外。

對此，我所能做出的最佳解釋就是，我們的身體很聰明，但是有時候我們……對，就是沒那麼聰明。人類常常會讓身體接觸到一些會引起發炎的東西，致使原本在執行更重要的任務、抵禦危險入侵的免疫系統因而分心。這些干擾可能是沉溺於過多的糖分攝取、不睡覺、運動過度、久坐不動或者過量飲酒——基本上，就是任何會傷害到我們的組織，或是對身體造成壓力的東西。這就像是你工作上有個重要的期限必須守住，照理說應該要專注於此，但你卻一直在看電子郵件及社群媒體一樣。**當我們身體各處都有這種無用的發炎反應，以回應各式各樣發炎的誘因時，就會稀釋掉我們的免疫力，讓我們在面對那些一般而言沒什麼大不了的日常威脅時，變得更加脆弱。**

這個事實已經由新冠肺炎大流行做出了示範。我們看到了像是糖尿病、心臟疾病以及高齡都是風險因素，可能會讓嚴重特殊傳染性肺炎帶來糟糕的後果。這些狀態所引發的慢性發炎，會削弱我們的先天免疫系統，讓病毒在相對沒有被偵測出來的狀況下，得以入侵並且擴散至全身。在「細胞激素風暴」的案例中，出於一種近乎絕望的、想要保護身體的企圖，後天免疫系統會接管並開始在身體各處，用一種完全失控的方式製造大量發炎性細胞激素。這場「細胞激素風暴」會對細胞帶來大幅度的傷害，引發無法跟上損害速度的忙碌修復反應，於是最後產生敗血性休克，預後也不樂觀。一旦移除掉非必要的慢性發炎，我們就可以確保免疫系統已準備好面對威脅，並預防這樣的致命後果發生。

》》深入發炎的根源

免疫系統的內部作業，以及發炎反應的複雜程度無以復加，但是導致慢性發炎的原因其實相當單純，而且更棒的是——幾乎完全都是你可以掌控的。意思就是，只要做出我們在本書中討論到的改變，就可以幫你的免疫系統一把，並且將慢性發炎以及免疫系統分心的風險降到最低。

生活中那些沒用的發炎反應往往取決於我們決定要放進嘴裡的東西。每天你都會選擇筷子那頭要挾什麼來吃，有些會導致發炎，有些則會減緩。說到食物，發炎最大的幾個來源包括：

- **不健康的油：**那些特定脂肪含量較高的食物，像是含有多元不飽和脂肪酸的工業種籽油都應該要避開，包括大豆油、芥花油（芥菜籽油）、葵花籽油、玉米油、棉籽油、「植物油」、紅花籽油、花生油，以及葡萄籽油。多年來，我們都被灌輸要多攝取這種多元不飽和脂肪酸、富含omega-6的植物油，但較新的數據顯示它們極度不穩定，並且跟發炎性疾病有關[2]。相反地，我們應該要集中在全食物中健康的油脂，像是堅果和種子、橄欖油、有機椰子油以及野生魚類。而且，雖然多年來，飽和脂肪早已被妖魔化，因為這是導致心臟疾病的主因之一，它可能會提高某些人的總膽固醇，但是我們現在已經知道了某些飽和脂肪——不管是來自椰子還是蛋——你都可以放入健康飲食之中，只要油品來源是高品質且有機的，並且不要過度攝取就好。

- **反式脂肪**：面對反式脂肪，應該要像是面對瘟疫一樣，避之唯恐不及。這些油脂是從液體油合成後變成固體油的。你可以在起酥油中找到它們，像是Crisco白油*、人造奶油。許多零食當中也都有，像是餅乾、披薩、速食，甚至花生醬裡也有！反式脂肪會提高低密度膽固醇及胰島素，並且降低有益的高密度膽固醇。反式脂肪跟許多疾病的增加有關，像是心臟疾病、肥胖、大腸癌及糖尿病[3]。
- **糖**：毫無疑問的，如果你想要做一件事來降低身體的發炎反應，那我會建議你盡可能免除飲食中各種形式的過度糖分攝取，包含一些顯而易見的品項：糖果、汽水和麵包蛋糕裡的高果糖糖漿和蔗糖。還有一些所謂「健康食物」的含糖量也是高到驚世駭俗，像是酥烤麥片、蛋白營養棒、優格、純素及無麩質的麵包蛋糕，還有果汁。研究指出了糖分添加跟心臟疾病、肥胖、糖尿病及脂肪肝的關聯[4 5 6]。甚至精緻的碳水化合物，像是義大利麵、白麵粉、麵包及其他澱粉，也都會在身體裡變成過量的葡萄糖，驅使發炎加劇。這並不代表你要把碳水化合物的攝取降到最低，這麼做也會有一系列的問題，像是影響你的心情、睡眠以及體力。黃金守則是要專注於攝取富含纖維、全植物的碳水化合物——像是蔬菜、水果、豆類及全穀類——而不是簡單、精緻的碳水化合物。

- **太多的酒精：**對，我知道，那要怎麼解釋法國悖論*，以及紅酒其實對你有好處呢？事實上，那些並不真的說得通。結果就是，酒精對於我們的免疫系統會造成多種傷害性的影響，包含削弱消化道免疫屏障、傷害微生物菌叢，並且給細胞帶來嚴重的氧化壓力[7]。而當肝臟一旦分解了乙醇，就會製造出毒素，經年累月下來，就會產生罹癌以及提早老化的風險。當你思考這件事的時候，喝酒似乎就變得挺沒意思的了，對吧？整體而言，應該要把酒精的攝取量降到最低。雖然那些被產業驅動的數據顯示出酒精的好處，但它們尚未被認為是事實。

造成慢性發炎的也不只是食物，其他案情重大的始作俑者包括：

- **體脂肪過高：**對抗發炎有一個很重要的關鍵，就是讓自己的身體維持健康的組成。雖然這可能不用我多說，但體脂肪過高——尤其是在你的腹部周圍——會讓你發炎。事實上，內臟脂肪像是一個獨立器官一樣運作，密謀著要釋出一大堆的發炎性細胞激素，讓你出現新陳代謝症候群[8]。
- **菸：**這應該不用多說，但即便是二手、甚至三手菸裡的化學物質都是致癌物質。這種產品對身體組織所帶來的傷害會讓我們發炎，並且持續處在修復中的狀態下。
- **壓力：**長期、沒有好好管理的心理以及身體壓力，會讓發炎

＊一種烘焙常見原料，類似酥油。
＊指的是法國人嗜美食，但罹患心血管疾病的比例卻遠低於其他國家的現象。

性細胞激素的釋放量升高。具有高度身心壓力的人，發炎程度也會越高。人體內的發炎指標「C-反應蛋白」（CRP），在高壓下也會升高[9]。

- **睡眠不足：**睡眠不足或是睡眠品質低下，是驅使發炎的一個重要因素。因此，缺乏睡眠也是糖尿病、肥胖、心臟疾病以及中風這種慢性代謝疾病的主因之一。
- **久坐：**久坐就跟吸菸一樣。人類生來就是要動，但有鑑於現代的生活方式——通勤、上班、坐在書桌前、黏在螢幕前——我們變得久坐不動。長時間久坐跟男性體內的IL-6（一種發炎性細胞激素）有關，也跟女性的第二型糖尿病有關。減少坐著的時間可以改善女性的C-反應蛋白指數[10]。
- **環境中的毒素：**環境中的化學物質可能會干擾免疫系統，使我們逐步走向慢性發炎。研究指出，與汙染接觸可能會導致氧化壓力，以及發炎反應與免疫系統調節的改變，因而對健康帶來負面影響[11]。
- **消化道菌叢失調與腸漏症：**當消化道健康出問題時，對於全身各處的發炎反應來說都是壞消息。研究顯示，腸道黏膜屏障受損，會讓未經消化的食物滲入血液中，而引發系統性的發炎[12]。

如你所見，慢性發炎最常見的誘因，都是那些基本上在你掌控之中的事情。而你將要進行的免疫修復計畫是圍繞著上述這些因素設計，也並非巧合。

》》你感染了嗎？

以上討論到的許多因素都跟生活習慣有關，而且是在你能控制的範圍內；但是，導致慢性發炎的原因中，還有其他稍微比較神祕且難以察覺的。事實上，導致免疫系統失衡以及慢性發炎最重要的根本原因之一，是一種陳年、長期，或者說隱藏的感染，你可能甚至都沒注意到。科學研究已經辨識出多種會致病的病毒性和細菌性感染。我們就以在美國最厲害的殺手——心肌梗塞為例。導致心臟疾病的許多因素都與生活習慣有關（像是糖分、壓力、吸菸），但是隱藏的發炎是怎麼一回事？事實上，體內第一型單純疱疹病毒（HSV-1）及肺炎披衣菌（Chlamydia Pneumonia）抗體濃度高的病人，罹患冠狀動脈心臟病的風險也比較高。其他跟心臟疾病相關的感染，還有牙周病中會有的牙齦卟啉單胞菌（Porphyromonas Gingivalis）、消化性潰瘍中會出現的幽門螺旋桿菌、A型流感病毒、C型肝炎病毒以及巨細胞病毒（CMV）[13 14]。很有趣吧！

很多自體免疫疾病，跟過去的感染或慢性感染也有關聯[15]。這是因為某些深層的機制，包括分子相似、旁觀者效應、病毒持續感染等等。簡單來說，「分子相似」指的是那部分的病毒或細菌可能跟人類細胞有一些類似之處，所以我們的免疫系統才會搞混，並且在對感染展開攻擊時，也攻擊到我們身體的組織。這種狀況在風濕性心臟病，以及兒童身上因鏈球菌咽喉炎所引起的反應性關節炎中，都會發生；例如，反應性關節炎可能會誘使抗體去攻擊心臟肌肉及關節[16]。

多種病毒都會引發分子相似性，包括B型肝炎病毒以及EB病毒。事實上，最近的研究還發現，全身性紅斑性狼瘡患者身上的EB病毒比率較一般人多[17]。「旁觀者效應」則是某些在病毒感染區域附近閒晃的T細胞被活化，雖然這些「旁觀者」並非是針對該病毒的免疫細胞，卻還是因為附近釋出的細胞激素被驅動。有點像是免疫界的同儕壓力。

最後，病毒以及細菌感染的「持續性」，也可能會導致長期免疫活化。因為如果感染未被清除乾淨，免疫系統就會持續呈現高度警戒的狀態，這也是未解決或是未被診斷出的萊姆病，可能引發像是類風濕關節炎這類自體免疫疾病的其中一個原因[18] [19]。

近期，有很多證據都顯示某些人因感染了造成新冠肺炎的嚴重特殊傳染性肺炎病毒，而出現自體免疫的現象[20]。在感染新冠肺炎的兒童身上，出現了謎樣的症狀，跟一種名為川崎氏症（Kawasaki Disease）的自體免疫失調症狀很像，稱作「兒童多系統發炎症候群」（Pediatric Multisystem Inflammatory Syndrome）[21]。此外，像是免疫性血小板減少症（Immune Thrombocytopenia）、甲狀腺炎、格林—巴利症候群（Guillain-Barré）這些自體免疫疾病，在得過新冠肺炎的案例上，出現頻率也都比較高[22]。

一份最近尚未發表的研究，讓這個理論變得更為可信，其認為這種病毒在特定病患身上刺激了自體免疫反應出現。在一百五十四名曾罹患新冠肺炎的患者身上，那些對抗自身細胞激素以及免疫細胞中蛋白質的自體抗體大幅增加[23]。雖然尚不確定這是否能解釋那些長新冠患者身上的某些症狀，**但確實指出了這種病毒以及其他的病毒即便離開身體之後，還是可能會讓免疫系統脫離正軌**[24]。

》》自體吞噬：我們細胞清掃的祕密武器

前面談過，發炎反應是會留下一團亂等著人來收拾的，而且當混亂的量過大時，就會發生慢性且不必要的發炎反應。幸運的是，我們天生就有一種非常了不起、會持續進行的機制，目的就是要在這些受損的細胞引起發炎反應之前，把它們清理乾淨。

這套令人驚豔的流程叫做自體吞噬，也稱為「自噬」[25]，其主要的功用是細胞回收。就像是把多餘的紙張和垃圾丟掉，以及把辦公室整理整齊，會提高你工作的效率那樣；或是像用近藤麻理惠那令人怦然心動的整理魔法，去打造出一個極簡主義的膠囊衣櫥，會加速你早晨例行公事一樣，你的細胞也可以把它們的垃圾拿出去倒，讓自己變得更健康、效率更佳。

自體吞噬跟巨噬細胞所進行的垃圾清運不同，因為巨噬細胞被呼叫來回應的是感染物質、死亡的細胞以及毒素垃圾。另一方面，**自體吞噬則是發生在健康的細胞身上，而且很像是規律性的細胞保養，能為我們的細胞維持整潔的環境，從源頭避免慢性發炎的發生**。在自體吞噬反應中，你的細胞會受到調校，讓其可以更長壽，並且不會被標記為要摧毀的細胞。就像定期調校你的車，可以讓你駕駛更多年一樣，**自體吞噬是一種預防或是延遲細胞死亡的方式**。

自體吞噬反應進行時，老舊且受損的蛋白質及細胞片段會被一種叫做「溶體」（Lysosome）的東西搜集起來，它就像是細胞內一個小小的器官，會把收集來的東西丟到某種類似資源回收桶的地方。在這裡，老舊且受損的碎片會被燒掉，並且回收成為能源，或是重製為全新的細胞構造。就是這樣！自體吞噬也可以把細胞內的病原體，像是病毒、寄生蟲以及細菌拿去丟掉[26]。研究也顯示了自體吞噬有助於預防多種慢性疾病，像是阿茲海默症、自體免疫疾病及癌症，更是長壽的關鍵[27][28][29][30]。

免疫修復計畫中很重要的一部分，就是聚焦在增加自體吞噬上，因為這有助於我們減輕免疫系統的負擔，並且減少多餘的發炎。要增加自體吞噬，最簡單又最便宜的方法之一，就是嘗試間歇性斷食。如果你曾經好奇為什麼一些健康的人如此沉迷於斷食，答案就是自體吞噬[31]。基本上，當我們限制卡路里攝取或是延長用餐的間隔時，我們的葡萄糖庫存就會降到很低，於是身體就需要找到其他的能量來源，這就是自體吞噬反應的啟動器。而最終的結果就是細胞變得更健康、免疫耐受力及免疫活動都有所增強，便減少了慢性病的發生[32]。

》》》打倒自由基

當免疫細胞被叫來殺死微生物的時候，它們會使用一些相當不好的化學物質來執行殺敵任務，這可能釋放出一種有毒的物質，叫做自由基（Free Radicals）。會有這些產物是正常的，但是它們需要受到抑制，不然會到處亂跑，摧毀你的細胞以及DNA。體內如果充斥過多的自由基會導致氧化壓力，某種程度上，就像是你的細胞逐漸生鏽。自由基還有其他常見的來源，像是陽光中的紫外線，以及你食用、飲用以及呼吸時吸入的毒素。你的細胞甚至可能在製造能量時，產生自由基這個副產品，因此，這是我們每天都要面對的事情。儘管如此，我們仍有一套解決方案。

要在自由基造成過多損害之前中和掉，關鍵就是抗氧化物。我們之後談到營養學時，會再更深入地探討，你只要知道一點：這些美妙的物質，像是維他命C、維他命A及維他命E，會中和掉我們的自由基並且強力出擊，對抗發炎並促進細胞自體吞噬機制。如果我們無法從飲食中充分補給這些物質，發炎反應以及細胞受損就會持續發生。抗氧化物不僅僅來自食物，事實上，褪黑激素——你可能已經認識這種物質，知道它是「睡眠荷爾蒙」——其實也是一種抗氧化物質，而且還相當強大！接下來會有一整個章節專談睡眠，到時也會更深入地去探究睡眠對於免疫平衡的重大影響力。

你可能在想：我不能直接吃營養食品來補充抗氧化劑或是褪黑激素，以達到同樣的功效嗎？在我們功能醫療界有句話說：「你無法靠著營養食品吃出健康。」常常會看到大家進到我的診間時，提著大包小包的維他命和營養劑，然後因為他們吃這些東西「沒有用」而倍感挫折。營養補充品可以是相當有用的，但前提是你已經改善了睡眠習慣、減少壓力、避免攝取糖分及加工食品、移除不必要發炎反應的根源，並且攝取更多富含抗氧化物質的食物，像是色彩鮮豔的蔬果。就像是醫生的處方藥治標不治本一樣，單單靠著維他命，不管是一種還是二十種，都不足以改變你的健康狀況。

發炎以及四種免疫表現型

我們用了開頭幾個章節探討免疫失調的危機、慢性病的危機，以及其中一些深層的機制（咳咳，發炎反應），也學到了有用發炎反應的重要性、無用發炎反應的危險性，以及生活習慣因素可能會如何影響我們健康發炎反應的能力。我在本書中花了這麼多篇幅在談發炎，因此你可能已經猜到了，發炎在四種免疫表現型中都具有重要的作用。舉例來說：

- 如果你因為**悶燃型免疫表現**，而屬於身上帶著糖尿病、阿茲海默症、心臟疾病或是其他發炎性疾病的人之一，那麼，造成你疾病的根本原因，就是過度的發炎反應。
- 如果你因為**偏誤型免疫表現**，而屬於有自體免疫疾病的人之一，那麼，造成你問題的根本原因，就是免疫系統被引導去對抗你自身細胞和器官的發炎反應。
- 如果你因為**超敏型免疫表現**，而身為每年都會因為數種不同過敏所苦的人之一，那麼，造成你困擾的根本原因，會是太容易被環境中正常且無害的物質所觸發。
- 如果你因為**虛弱型免疫表現**，而屬於每逢冬天都會很痛苦，老是得到感冒、流感或是支氣管炎的人，那麼，你的核心問題就是發炎反應不夠迅速有效，無法好好完成自身任務。

發炎確實是一切的根源，但解鈴還須繫鈴人，現在你知道了這一點，也就不意外為什麼平衡發炎反應在免疫修復計畫中會占那麼重大的分量了。

但是，在我們進到那部分之前，要先來瞭解你個人具體的免疫失衡。我知道你一直在等這一刻，是時候找出你的免疫表現型了。

Chapter 04 四種免疫表現型測驗

我們已經講了很多基礎知識，事實上，你現在對於發炎以及免疫系統運作方式的瞭解，可能已經超越99%的人口了。你也知道，要打造出有效而順暢的免疫反應，不僅僅是要「增強」免疫力而已；根據你當下不同的狀態，有時增強免疫力還有可能讓你走回頭路！免疫系統不僅僅只有提升或是減弱，而是有各種發展的方向。現在請安靜坐好，閉上眼睛，跟著我複誦這句箴言：**平衡，才是我們要針對的癥結點所在**。而要取得免疫平衡，你得知道該從哪裡開始著手。這也就是為什麼我會發展出四種免疫表現型，以幫助你理解自己的處境、應該前往的目標。這四種類型——悶燃型、偏誤型、超敏型及虛弱型——囊括了現今最常讓我們生病的幾種主要的免疫失衡類型。這些表現型並非遺傳性，也不是終身無法改變的。你有能力以任誰都做得到的簡單方法去改變你的健康狀態，並且重歸平衡。關鍵在於，搞清楚你的起始點在哪裡。

很多人可能會想，在沒有造訪默德醫師的診間、也沒有接受先進檢查的狀況下，要如何搞清楚自己的免疫表現型是哪一種？算你運氣好！我發展出了一套測驗，讓你可以找出最主要的免疫表現。藉由審視你的症狀與特徵，還有困擾你的疾病與病痛種類，你便可以清楚瞭解自己屬於哪一種免疫表現型，而不需要昂貴的醫療檢查或是就診。等你知曉結果，接著就可以閱讀符合你免疫表現的資訊，搞清楚下一步該做些什麼。

》》》四種免疫表現型測驗

為了正確地使用這份測驗，四個部分你都要測，並且盡可能誠實回答每個問題。你可能會發現自己符合一種以上的免疫表現型，那是正常的！我們很多人的免疫系統都有這樣的狀況，而且不同的失衡表現會有點像是滾雪球般彼此交互作用。如果你屬於這種情況，那我建議你先專注在最主要的免疫表現型上（也就是得分最高的那一個），並使用這本書下半部所提供的工具及建議，努力讓主要的失衡表現歸於平衡。接下來，等你完成免疫修復計畫的第一回合之後，應該要重新做一次這份測驗，看看分數是否有變化。你將發現，當你在其中一種免疫表現上越來越平衡，其他的也會開始跟進。為什麼會這樣？因為免疫系統並不是在真空狀態下運作的，其中的一切皆息息相關。

舉例來說，如果珍做了這份測驗，發現自己在悶燃型免疫表現上的分數很高，但是在超敏型也有中等的得分，那她應該要從悶燃型免疫表現的計畫開始。等她完成了悶燃型的修復計畫，可能會發現兩種免疫表現的得分都大幅下降；但是，現在她得分最高的變成超敏型免疫表現了，於是她便可以轉而專注在那些針對超敏型的建議。

如果你發現自己在這四種類型上的得分都不高——恭喜你！你的免疫系統可能非常健康。雖然這麼說，你還是應該要繼續採用本書後半部的建議，以減少不必要的發炎，以及可能默默發展出來、而你卻一無所知的隱性失衡出現。就像我先前提過的，你可能得要在某一種失衡表現上花上數年的時間，才能感受到症狀的改變。

因此，話不多說，我們就進入測驗吧。拿出紙筆，計算你每種免疫表現型的得分。下列這些陳述，每同意一項就算是得1分。

悶燃型（Smoldering）

☐ 我有糖尿病或是高血糖

☐ 我有冠狀動脈心臟病、曾有過心肌梗塞或是高血壓

☐ 我有肥胖或是超重（BMI超過30）的問題

☐ 我的血糖很高

☐ 我每週運動次數不到三次

☐ 我每週攝取超過六份的酒精

☐ 我的睡眠經常性少於六點五小時

☐ 我會吃速食及加工食品

☐ 我吸菸（各種形式的吸菸都算）

☐ 我正在服用三種以上的處方用藥

☐ 我有牙周（牙齦）疾病
☐ 我有關節炎，或者是關節處有發炎問題
☐ 我有酒糟性皮膚炎或是脂漏性皮膚炎
☐ 我幾乎不怎麼感冒或得流感
☐ 我有發炎性腸道疾病，像是克隆氏症或是潰瘍性結腸炎

偏誤型（Misguided）

☐ 我曾被診斷出自體免疫疾病
☐ 我有自體免疫疾病的家族病史（例如紅斑性狼瘡、類風濕性關節炎或是多發性硬化）
☐ 我時不時會出現關節疼痛，並伴隨著關節處腫大
☐ 我有甲狀腺疾病
☐ 某些特定食物似乎會使我的症狀加劇
☐ 壓力會使我的症狀加劇
☐ 我有慢性肌肉無力或是疼痛
☐ 我的四肢會感受到刺、麻或是其他神經性症狀
☐ 我有原因不明的落髮或是髮量減少（且與年齡無關）
☐ 我皮膚時不時會起一些不明的疹子
☐ 我從小到大吃過許多抗生素
☐ 我有口乾舌燥以及／或是乾眼症的問題
☐ 我兒時遭遇過創傷或是不良經歷

☐ 我小時候有過傳染性單核白血球增多症

超敏型（Hyperactive）

☐ 我有季節性過敏，或是全年都會過敏

☐ 我有食物過敏，或是食物敏感症

☐ 我有氣喘或是慢性咳嗽

☐ 我有耳朵感染的病史

☐ 我有鼻竇炎的病史

☐ 我對於強烈的香味或是臭味會出現生理上的反應

☐ 我會長濕疹或是其他會搔癢的疹子

☐ 我會發蕁麻疹或是腫塊

☐ 我有藥物過敏

☐ 我對黴菌很敏感

☐ 個人清潔用品，像是肥皂、乳液或是香氛會讓我的症狀發作

☐ 我常常得到酵母菌感染（念珠菌感染）

☐ 我經常鼻涕倒流，或者是常常清喉嚨

☐ 我有支氣管炎或是肺炎

☐ 我常常打噴嚏

虛弱型（Weak）

☐ 我有先天或後天的免疫缺陷

☐ 我曾經長期（超過十四天）或是經常（每年超過兩次）服用皮質類固醇（強體松／可體松）

☐ 我在服用免疫抑制劑（像是接受化療）

☐ 我常常感冒或是上呼吸道感染

☐ 我曾經得過兩次以上的肺炎

☐ 我經常出現尿道感染

☐ 我在六十歲以前得過超過一次帶狀皰疹

☐ 我皰疹常常發作，包含唇皰疹

☐ 我有慢性疲勞問題

☐ 旅行時腹瀉或是食物中毒對我來說是家常便飯

☐ 我經常感覺自己很衰弱

☐ 我需要大量的睡眠，不然就會生病

☐ 我在經歷一段期間的壓力過後就會生病

☐ 我感冒會持續數週

計分：統計一下你每一種免疫表現型中打勾的數量。得分最高的那個就是你主要的表現型，但你在其他類型的分數可能也很高；就像我說過的，同時有不同表現型的特徵是正常的。在接下來的段落中，我們也會看到每種免疫表現型在真實生活中的例子，而你要先集中在你最主要的表現型上。

悶燃型免疫表現

葛瑞格是一位五十五歲的石化公司高層。他的家庭醫生告訴他，還需要另外一種藥物來控制高血壓，於是他來找我。他也被警告有「前期糖尿病」，可能很快也會需要藥物治療。一直以來葛瑞格都把工作放在人生的第一順位，經常一天工作十到十二個小時，並且很快就往上爬到一個相當具有影響力的位階。他形容自己是腎上腺素成癮，總是對新的挑戰躍躍欲試，而且對於生意成交的熱愛，遠勝過其他所有事情。他經常出差，大部分是去中國和南美洲，要招待客戶、花公費應酬。但最近，時差變得越來越難調整，他還會在奇怪的時間醒來，而且通常睡眠都不到六小時。

他做混合健身*已經有幾年的時間了，也滿喜歡這項運動，但是最近因為行程的關係，他長時間久坐，幾乎沒有時間上健身房了；而且坦白說，他也不再那麼興致勃勃了。葛瑞格開始會忘記大家的名字，並且覺得自己的思緒不像以前那麼敏銳了。他的父親患有阿茲海默症，他因此也相當擔心這件事。在那些幾乎沒怎麼休息的睡眠之後，為了要提振自己的精神，他會用「精力充沛」的防彈咖啡來開啟他的一天。他通常都不吃早餐，或者隨手拿個燕麥棒；午餐就去買外帶，下午通常會為了提振精神而喝更多咖啡，或是吃些甜食。不需要跟客戶共進晚餐的時候，他會回家跟家人一起用餐，但這通常也是晚上七點以後的事了。在經歷了艱難的一天，喝點威士忌或兩杯紅酒放鬆，對他來說也是家常便飯。葛瑞格熱愛工作，但也說自己壓力很大。他跟太太以及青春期的兒子吵架次數變多了，也覺得整體而言，自己變得更沒耐心。

過去四年來，他出現了膝蓋、雙手還有雙腳疼痛的毛病，每當遇到這種時候，他會吃顆泰諾或是布洛芬*了事。他的臉上也出現了叫做酒糟性皮膚炎的問題，但醫生把這一點歸咎於他的愛爾蘭血統。他手肘上還有乾癬，也常常出現火燒心，並且服用含有奧美拉唑（Omeprazole）的胃藥，斷斷續續已經好幾年了。在兩年前的公司高層人員健檢中，他的血壓是148／90，三酸甘油酯指數是250，整體膽固醇則是240。他也在肥胖的邊緣，過去兩年胖了超過十三公斤。他已經開始服用利尿劑及乙型交感神經阻斷劑以治療血壓問題，也在服用一種史他汀類藥物治療膽固醇問題。利尿劑讓他會在半夜起來上廁所，中斷他的睡眠，而他也注意到勃起功能障礙發生次數變得更頻繁了。他最近一次去醫院的時候，空腹血糖值是105（正常值是小於80）。而即便如此，葛瑞格說他幾乎不怎麼生病感冒，而且，根據他的記憶，從來沒得過流感。他一直都認為自己身強體壯，復原能力也相當好。

我看得出來，葛瑞格的生活方式驅使了體內很多的發炎反應並引發疾病。為了有更全面性的瞭解，我進行了一套更深入的實驗室檢測。由於他在服用史他汀類藥物，他的總膽固醇是160，但高密度脂蛋白膽固醇（HDL）卻只有48，這種膽固醇通常被稱作是「好的」

---

*混合健身（Crossfit workouts）是由美國同名健身公司設計的全方位健身方法，訓練目的包含肌力、柔軟度、體能等綜合性的養成。

*泰諾（Tylenol）與布洛芬（Advil），皆為美國常見止痛藥名。

膽固醇，而且具有保護功能，因為其有助於將膽固醇排出體外。你可以透過定期的有氧運動去提高HDL的含量。葛瑞格還有大量的氧化低密度脂蛋白（LDL），這是一種「受損的」膽固醇，會造成血管發炎。他的C-反應蛋白數值是12，理想中這應該要低於1才對。C-反應蛋白的增加是我們評估全身性發炎的最佳指數之一。另一個名為同半胱胺酸（Homocysteine）的血液標記，他的數值是22，幾乎是正常值的4倍，這是心血管疾病的高風險因素，但同時也是可逆的，只要補充維他命B就行了。

葛瑞格的胰島素也大幅超標，數值為32。我把胰島素稱作是糖尿病這座礦坑裡的金絲雀。醫生幾乎不怎麼檢測胰島素，而是仰賴空腹血糖值及糖化血色素（Hemoglobin A1c）*來診斷糖尿病。但在糖尿病能被診斷出來的好幾年前，胰島素就會開始升高了。高濃度的胰島素代表胰島素阻抗，因為胰腺拚命地想要讓血糖降低。但這樣會讓體重無法減輕，因為身體會接收到「不要再燃燒脂肪」的訊息。**血糖值過高，會使紅血球「糖化」，或者說被血糖包覆，還會使血管受損，進而觸發免疫系統的發炎反應。**最後，我檢測了性荷爾蒙以及腎上腺荷爾蒙的指數，所有客戶都會進行這些檢查。皮質醇是我們主要的壓力荷爾蒙，而葛瑞格的皮質醇只有稍微偏高；但是他皮質醇的晝夜節律週期完全亂掉了（我們會在第6章中談到這為什麼那麼重要）。他早晨的皮質醇太低，但是到接近中午時衝高，然後到了下午就大幅降低，最後來到睡覺時間，又再度上升。皮質醇是體內發炎的主要介質。我們馬上就會瞭解到，這種物質既可以促進發炎，也可以是抗發炎的。但是，根據葛瑞格實驗室檢測數據的各種失衡以及他的症狀，他顯然是屬於悶燃型的免疫表現。

如果葛瑞格的故事有幾個地方（或者全部）都讓你感到熟悉，而且你在悶燃型免疫表現測驗的分數超過5分，那麼，造成你問題的根本原因，就是有**太多的發炎反應**讓你全身都開始出現毛病。悶燃型免疫表現的人並不總是會被診斷出什麼疾病，或是不舒服到需要請假在家或是取消當日計畫，但他們通常會同時有很多小毛病，比方說，有點失眠、有點疼痛、腦霧、一些長期的壓力、偶發性的性功能障礙，以及落在「值得擔心」範圍內的檢測報告，卻又不一定「需要投藥」。如果你有悶燃型免疫表現，那就要注意這本書Part 2中所有針對悶燃型的建議。

不過好消息是，只要在幾個關鍵性的生活習慣上有所改變，就可以反轉發炎的惡性循環，症狀也會快速好轉。要記得，**失控的發炎反應是現今許多困擾我們疾病的核心**，像是心臟疾病、新陳代謝症候群及肥胖、糖尿病、自體免疫疾病以及阿茲海默症，這還只是稍微舉例而已。同時，等你控制住自己的發炎，你的免疫系統就可以把注意力集中在真正重要的事情上，像是有效殺死危險的微生物，讓我們過得健康又長壽。

＊血液中的葡萄糖進入紅血球，與血紅素結合所形成的產物。

偏誤型免疫反應

瑞秋是名年輕的律師，二十六歲那年被診斷出了類風濕性關節炎，當時她在一家法律事務所才待了一年左右，壓力很大，還剛跟在一起很久的男友分手。她自認為是完美主義者，有時會在辦公室工作到晚上十點，週末也把工作帶回家。一開始，她只是每天吃布洛芬，好解除手部的疼痛與僵硬感，並認為這些是整天打字以及早上六點去上踢拳課所導致的。等她開始感覺到指關節的腫脹以及腳部的疼痛之後，才前去就醫。她的醫生幫她預約了X光檢查和一些數據檢驗。X光檢查結果跟早期類風濕病變一致，因此醫生替她開了抗環瓜氨酸抗體（Anti-CCP）測試，目的是檢測有沒有活動性類風濕性關節炎，並讓她從強體松開始使用，再來是滅殺除癌錠。但症狀並沒有多大的改變，於是她的醫生推薦她一種免疫調節的藥物，叫做復邁（Humira）。瑞秋曾經聽過可以用比較「自然的方法」來逆轉自體免疫問題，於是她來找我。

深挖她的背景故事時，我發現瑞秋的童年並沒有什麼特殊的負面經歷，除了她會反覆出現鏈球菌咽喉感染；她記得自己常常去看醫生、拿抗生素。小時候參加過越野跑隊，但也說自己跟食物的關係不太健康，十六歲時體重曾經掉到長達九個月都沒有月經。瑞秋青少年時期還有青春痘的問題，並且因為這件事被取笑。她試過很多藥膏以及口服美諾四環素（Minocycline，一種抗生素）之後，又用了一年的A酸及避孕藥，讓她徹底解決了皮膚的問題。大學畢業後，她去泰國以及越南旅行了幾個星期，因為腹瀉和發燒非常不適，但最後不藥而癒了。開始念法學院之後，她注意到自己飯後脹氣變得嚴重，而且經常會排稀便。醫生診斷是腸躁症，於是她開始服用令澤舒（Linzess，一種抗腸痙攣藥物）以緩解症狀。在網路上讀到相關資訊後，瑞秋不再食用麩質和奶製品，並覺得有些許改善，但還是在衝廁所以及壓力大時嚴重便祕之間徘徊。

瑞秋來到我診間，說自己不管睡多久都覺得累，並覺得很焦慮、缺乏動力。她猶豫著法律是否真的是她最好的職業選擇，有時還會感到有點腦霧、無法專心工作。除此之外，她還經常出現酵母菌感染，以及偶發性的尿道感染。儘管很討厭吃抗生素，但她每年都還是會吃個幾次。

因為她的消化道症狀，我開立了糞便微生物菌叢檢測，結果顯示出有一種細菌的濃度很高，名為克雷伯氏肺炎菌（Klebsiella pneumoniae），是一種已知的自體免疫誘發菌種[1]。除此之外，她某些保護性的腸道細菌含量卻反而很低，比方說雙歧桿菌（Bifidobacterium）、乳酸桿菌（Lactobacillus），但同時有高濃度的白色念珠菌（酵母菌的一種）。這都意味著微生物菌叢的失衡。食物敏感症的測試則顯示了對大豆、麩質及牛乳的抗體。雖然她的甲狀腺素是正常值，但也被發現有高濃度的甲狀腺抗體，顯示出她體內正發展出一種名為橋本氏甲狀腺炎的自體免疫問題。瑞秋是偏誤型免疫反應的完美案例。

如果你曾經診斷出**自體免疫疾病**，那很可能你跟瑞秋一樣，也有偏誤型的免疫表現。如你所見，這類型的免疫表現並不會在一夜之間出現，而是諸多因素累積所導致的，尤其是壓力、腸道微生物菌叢失衡、感染，以及各種毒素。如果你有偏誤型免疫表現，並且正苦於自體免疫問題，你的醫生可能會告訴你投藥是唯一正解，而且你餘生都注定要感到疼痛、不適以及承受其他症狀。然而，我要在這裡告訴你，藥物並非唯一能夠幫助你的東西。我看過數十位有偏誤型免疫表現的病患，透過飲食以及生活習慣的改變，成功改善了自己的生活；有些甚至緩減了自體免疫的症狀，或不再需要服藥。

如果瑞秋的病史跟你很像，那麼，無論你或是家族中是否有人被診斷出自體免疫疾病，或你懷疑自己有自體免疫疾病，都要好好注意關於腸道健康的章節（第7章）。70%以上的免疫系統都活在你的腸胃中，如果想從偏誤型免疫表現中康復，就要使你的微生物菌叢為你所用，而不是扯你後腿。

超敏型免疫表現

凱莉是一位三十二歲的藝術家。春日裡的某一天，她出去跑步時覺得呼吸有點急促。她非常熱愛跑步，身為這樣一位跑者，通常不會有呼吸的問題。儘管她知道自己小時候有輕微的氣喘，但是「長大就好了」。她被轉介給一位胸腔科醫師，並診斷出有運動所引發的氣喘。醫師開立了沙丁胺醇（Albuterol）吸入劑的處方，讓她在跑步前使用。凱莉覺得有幫助，但是現在她在自己的陶瓷工作室裡，開始會出現些許咳嗽、喘鳴，以及鼻涕倒流還有鼻塞，而且在工作期間似乎會更加嚴重。從她有記憶以來，在春夏時節就會有打噴嚏及眼睛癢的症狀。回想起自己的青少年時期，她有幾年曾經為了治療對花粉及灰塵的過敏，而施打過敏針，但是上大學後就停掉了。她每天都會服用抗組織胺的藥物「驅特異」（Zyrtec）。這的確有點幫助，但有時會讓她的眼睛很乾，而且就目前的症狀來說，似乎不足以讓她覺得自己處在最舒服的狀態。她小時候膝蓋後面以及手肘彎曲處會長濕疹，現在已經沒有了，但是蕁麻疹常常「隨機」發作，特別是靠近貓咪的時候一定會長。她試過舒敏型的美容產品，因為她的皮膚很敏感，如果用了有香味的乳液、肥皂或是洗衣劑，就一定會發作。

過去幾年間，她開始出現鼻竇炎，每年至少發作兩次，通常是在她過敏最嚴重的時候，而且需要用一輪的類固醇以及抗生素來解決這個問題，花費數週才能康復。狀況嚴重到她當時考慮要動鼻竇手術，這是她的耳鼻喉科醫師建議的。過去雖然都沒有食物過敏，但凱莉注意到近幾年，吃蛋會讓她噁心想吐，特定的堅果類也會讓她的嘴巴和喉嚨有點癢，因此她會避開這些食物。實驗室的檢測報告顯示，她免疫球蛋白的指數是被標記為「高」的850。如同我在第2章所說的，免疫球蛋白是一種抗體，會刺激組織胺的釋出，導致各種過敏症狀，像是打噴嚏、鼻塞，甚至是全身性過敏反應。為了測試過敏原，凱莉還驗了血，結果發現對於樹木以及豚草植物*的花粉、貓咪皮屑和塵蟎都出現了陽性反應。

---

*原產於北美洲的一種雜草。

如果凱莉的故事讓你共鳴，而且你在超敏型免疫表現的測驗得分又很高的話，你很可能有Th2細胞極化。在免疫修復計畫中，你要聚焦在為了提升Th1反應的建議做法，並且使用那些讓過敏的生化反應冷靜下來的療法。

虛弱型免疫反應

比爾來看我的時候，正在服用他該年度所使用的第四種抗生素，而那時還只是三月而已。他有頑固的鼻竇炎，感覺怎麼治都不會好，還得過兩輪支氣管炎。他真的很擔心才三十五歲的年紀，免疫系統卻這麼虛弱，也想看看到底要怎麼做才能不這麼常生病。比爾認為他一直生病的原因，可能是他兩個年紀很小的孩子，常常把病毒從學校帶回來。其實過去這一年來，他有很龐大的財務壓力，因為他離開了上一份工作自己創業，而狀況相當艱難。比爾的工作時間很長，常常在筆記型電腦前熬超過半夜，好把工作完成；他起床時總是覺得很累，通常下午都需要小睡一下。他說他有點潔癖，因為他似乎很容易生病，所以會使用大量的乾洗手，並且盡可能避開人群。比爾形容自己是個憂心忡忡的人，一直以來總是很焦慮，而他會服用SSRI（選擇性血清素再回收抑制劑）來舒緩。過去，他曾經做過幾場馬拉松的訓練，這對提振心情有所幫助，但是現在，他沒有時間或力氣去進行這項活動。

他說，成長過程中自己很容易感冒，並且在青少年時「隨便走走就會得到肺炎」。他的父母說他是早產兒，因為肺部虛弱而服用了一些藥物。大一時他患上了單核白血球增多症，還因此錯過了大約一個月的學業。他說自己一直有個敏感的胃，但最近腸子的狀況似乎更不規則，偶爾會腹瀉。比爾懷疑他吃的某些食物導致了脹氣，但無法確定是哪一個。因為過去曾經歷過幾次食物中毒，所以他總是小心翼翼地避開自助餐廳和壽司店，並仔細清洗了他要吃的食物。幾年前與朋友在北加州露營時，他還感染了梨形鞭毛蟲（一種腸道寄生蟲）。

他的實驗室檢測報告顯示出了相對正常的免疫球蛋白指數，但即便他一月的時候打過肺炎疫苗，卻沒有合理的抗體反應。除此之外，還測出他體內有一種特定形式的抗體濃度很高，那是針對EB病毒的抗體，這可以代表體內病毒的再活化以及複製活動增加。他的糞便檢測則顯示了分泌型免疫球蛋白A——腸道內主要的保護型抗體——的濃度很低。此外，他某些具有保護作用的細菌量非常低，像是雙歧桿菌及乳酸桿菌。他的皮質醇也有點接近水平線，早上還是中等的狀態，接著就會下滑，並且整個白天都保持在同樣的程度。而且，他隔夜尿液中的褪黑激素含量極低。比爾很顯然在打擊細菌與病毒感染上都有問題，並且對於疫苗的反應也不佳；同時，他非常疲勞且缺乏睡眠，皮質醇產出也很低，這通常會在長期壓力以及免疫抑制的狀況下發生。他很顯然是屬於虛弱型免疫表現型。

如果你對比爾的故事感同身受，在虛弱型免疫表現又獲得了高分，一定能夠理解那種在各種事情之間「疲於奔命」的感覺。你很有可能也對病菌戒慎恐懼，生病都很難康復，還常常一場病生完馬上得下一場病，像是鏈球菌咽喉炎好了，接踵而來的就是鼻竇炎，再緊接著則是支氣管炎——彷彿一個接一個，永不停止。如果你有虛弱型的免疫表現，你可能會覺得自己命中注定就是如此，但並不是這樣的！對生活習慣做出一些關鍵性的改變，並且補充一些有特定目標的營養品以提升免疫力，就可以讓你的免疫系統對各類型的入侵者都做出更有效的回應。若你是虛弱型免疫表現的人，通常先天及後天免疫系統反應活動都需要加強。好好注意這本書Part 2中，任何「提升」免疫系統的建議——你就是屬於那群需要的人。

如果我提供的案例並不完全符合你的狀況，不用擔心。就算你的症狀不是每一個都跟葛瑞格、瑞秋、凱莉或是比爾一模一樣，也不要緊。沒關係的，我們都是獨立的個體，各自的基因也都有所不同。

現在，你看到了真實生活中，這四種免疫表現發生的案例，是時候該來談談你要如何脫離失衡的狀態，讓你的免疫系統回歸和諧。我們已經知道了四種不同的免疫表現模式，**而它們都跟T細胞極化大有關係**。這麼說吧，免疫修復計畫其中一個主要目標，就是逆轉並重新平衡這種極化，並且修復健康的免疫功能。我們來更深入探討這套計畫中的重要拼圖吧！

T 細胞極化與四種免疫表現型

現在，我們已經討論過了你的免疫系統是怎麼運作的，以及哪些地方可能出差錯。在第2章中，我介紹了「T細胞極化」這個概念，這是導致那四種免疫表現型最重要的深層機制之一。我們的免疫系統每天都會在處理各種威脅時有所反應，它要面對像是病毒、細菌、寄生蟲、刺激物質、毒素、食物、壓力、睡眠缺乏等威脅。根據這些觸發因子持續的時間長度，以及免疫系統的回應方式，你的免疫系統可能會發展出一些趨勢，並可能開始失衡。這些趨勢叫做「T細胞極化」，或者是「T細胞主宰」，會讓你有辦法提高特定的免疫反應，不管是哪種敵人出現，都有辦法對抗。**但是當T細胞極化往單一方向發展，並失去平衡的時候，這種持續性的細胞極化迴圈，便是這些免疫表現型的核心，也是我們修復計畫會個別瞄準的對象。**

我們來更詳細地談談這到底是怎麼回事：你的輔助T細胞是後天免疫反應的老闆，因為基本上它們就主導著一切。它們會分泌細胞激素、告訴殺手T細胞該做些什麼，並且引導你的B細胞去製造抗體對抗病菌。要記得，你一開始的先天免疫反應是固定的（只要一有異物進入體內，一支像是巨噬細胞、嗜中性球細胞等的細胞大軍就會殺到現場，確認問題，如果需要的話，就會將入侵者吞噬並殺死）。但是，你的後天免疫系統則是針對特定的威脅量身訂製（T細胞和B細胞會釋出細胞激素，直接殺死微生物，製造出自己的記憶克隆體，好在之後對抗感染，並且產生在未來遭受感染時，能夠認得該感染源的抗體）。因為我們先天免疫系統裡的細胞，像是樹突細胞，是那些位在最前線的士兵，不管來搗亂的入侵者是誰，它們都會從對方身上剪下一部分，往後送到淋巴結，然後一隻客製化的輔助T細胞就會被製造出來，專門處理這個問題。這就像是你的樹突細胞到了現場，並且說：「嘿！腺病毒在鼻竇搗亂，或者是梨形鞭毛蟲這種寄生蟲正在從河水進入腸子！誰來處理這件事？」

我們在第2章中學到了輔助T細胞四種主要的子類別：Th1、Th2、Th17和調節T細胞，讓我們來更進一步地看每一種分別是什麼意思，以及會如何影響你的免疫表現型。

- **Th1**：Th1細胞被製造來回應入侵並進到細胞裡的細菌和病毒。當一隻初始T細胞被極化成Th1的型態時，就會製造出大量的發炎性細胞激素，這種物質有助於招來殺手T細胞以及自然殺手細胞。當我們試圖殺死那些入侵細胞的病毒和細菌時，就會製造出很多Th1細胞。雖然為了產生強而有力的免疫反應，我們會想要有能力製造出大量的Th1細胞，但也不希望它們失控。當陷入Th1主宰時，就可能變成過度發炎的狀況。這會導致各種問題，像是從關節炎和糖尿病，到心臟疾病以及一些自體免疫疾病。另一方面，Th1主宰很強的那些人，就不常得到呼吸系統疾病或是太多的過敏。這類人可能會有悶燃型或偏誤型的免疫表現，又或是兩者兼具。而對於具有虛弱型免疫表現的人來說，Th1細胞的增加則對他們有好處，因為這種細胞有助於清除感染。超敏型免疫表現的人也可能需要Th1更頻繁地活動，好達成平衡。
- **Th2**：當你在對付入侵的寄生蟲以及那些會在體腔和體表（想想鼻竇和膀胱的感染）複製增生的細菌時，Th2細胞就會被活化。像是重金屬這種毒素就會觸發這類型的免疫反應。Th2細胞會製造細胞激素，把免疫細胞叫到該區域，並刺激B細胞生產免疫球蛋白，也就是過敏抗體，目的是為了要清除來犯的病原體。因此，體內出現Th2主宰的人，經常會有氣喘、濕疹、食物過敏、鼻竇炎以及其他過敏性疾病。免疫球蛋白抗體則會導致組織胺釋出，並帶來過敏症狀，像是蕁麻疹、流鼻水、腫脹、鼻塞，還有分泌物過多。這其實就只是一種走偏了的免疫反應。體內Th2主宰的人常常會有超敏型免疫表現，當無法清除感染或是其他觸發因素時，也可能會接著發展出自體免疫疾病。

- **Th17**：Th17細胞是不久前才被發現的，那時研究人員正在檢視自體免疫疾病的深層原因。起初，科學家們認為Th1是自體免疫疾病的一大推動力，直到他們發現了Th17才是真正的罪魁禍首[2]。Th17會分泌具高度發炎性的細胞激素，這在對抗特定細菌、酵母菌以及其他黴菌感染時至關重要。但是它們也會促進自體免疫活動，並且被證實跟許多疾病具有相關性，包括發炎型腸道疾病、修格蘭氏症候群、多發性硬化、紅斑性狼瘡以及類風濕性關節炎[3 4 5]。大部分具有偏誤型免疫表現的人，Th17都會過度極化。
- **調節T細胞**：調節T細胞是第四種、也是最後一種輔助T細胞。這些細胞是我們免疫反應的關閉按鈕，如果沒有它們，我們的麻煩可就大了。具體而言，它們會鼓勵我們的免疫系統無視、或者說「容忍」自己身體的組織，這對於預防自體免疫疾病及過敏是相當重要的[6]。調節T細胞常常會被癌細胞挾持，因而允許癌細胞擴散而不被免疫系統偵測到。這些傢伙就像是相對於「陽」面的「陰」，就像調停者一樣，它們會讓很多其他的發炎反應緩和下來，也可以平衡失控的免疫反應。我們絕對會希望自己擁有很多調節T細胞來維護和平，但是太多的話，就無法發動強力的免疫反應並殺掉危險的威脅。在悶燃型、偏誤型以及超敏型免疫表現中，增加調節T細胞的數量有助於重回平衡。我們之後將談到可以用什麼方法來達成目標。

好的，來複習一下。在進入本書免疫修復計畫這一部分的同時，要記得，為了打造最好的免疫系統，我們需要在細胞的層面做出努力。以下是我們的方法：

- 首先，你要去除不必要的發炎反應。這些多餘的發炎會讓我們的免疫系統分心，無法專注處理真正重要的事情。
- 你要培養並支撐你的先天免疫細胞，讓它們可以快速且高效地完成自己的工作。
- T細胞極化紊亂可能會讓你出現某些症狀或是疾病，你要讓其重歸平衡。雖然這四種輔助T細胞跟四種免疫表現型並非具有百分之百的相關性，但若是不把注意力放在這塊，你是無法讓自己的健康達到最佳狀態的。

但往好處想，T細胞的極化有很大一部分是受到外在影響所驅動，因此，並不是毫無改變的餘地。比方說，它會受到環境中的化學物質及毒素、我們的飲食、壓力還有慢性感染的影響。在一個完美的免疫系統裡——也就是沒有出現悶燃、偏誤、超敏或是虛弱的表現——我們先天和後天的兩個團隊會天衣無縫地合作，快速且確實地保護我們不受傷害。這就是我們免疫修復計畫所要瞄準的目標。

》》前進免疫修復計畫

現在你已經熟悉了自己免疫系統軍隊的內部運作、學到各種關於慢性發炎的知識，以及如何影響四種免疫表現，也找出了你自己的免疫表現型，是時候來探討會影響免疫系統健康的因素了——**睡眠、壓力、腸道健康、環境毒素，還有你的飲食**。到目前為止，我們都是用宏觀的角度來看待免疫系統，但現在要開始變得非常實用導向。在接下來的內容中，我會把五項主要的生活習慣因素跟免疫系統的健康做連結，並給你真實又實用的建議，告訴你如何改善生活風格，讓這些習慣可以開始幫忙你的免疫系統，而不是傷害它。我們會深入探討那些因素，而且我要先警告你，要講的東西有很多！但不必覺得每一點都必須記得，或是全部都要做到。事實上，為了避免資訊量過大，我在後面一點的地方寫了一個章節，是針對每種免疫表現型提供最佳建議的綱要，讓你只要「看一眼就好」。

準備好了嗎？我們開始吧。

|Part| 2

健康修復計畫

Chapter 05

睡眠：讓身體關機，免疫系統升級

大約十年前左右，我正為了參加鐵人三項進行訓練，那時我是全職的過敏醫師，正完成整合醫療的專科醫生培訓，同時還要通勤並努力保有社交生活。對我來說，早上五點起床去游泳，或是跟我的訓練夥伴見面，準備五點二十分一起騎單車是很正常的。接下來我會坐在電腦前一整天，直到晚上。通常我十一點上床，固定每晚睡六到六個半小時，因為我有太多事要做，而且以為可以「騙過身體系統」，但殊不知，自己才是上當的那一個。

當時，我並不懂得睡眠對健康有多重要，沒有意識到如果缺乏深層睡眠，肌肉就無法排除因為激烈的耐力運動所產生的乳酸，細胞修復以及肌肉復原力也都會受到損害，讓我容易受傷。我也不理解快速動眼期睡眠的減少，會傷害到我的記憶力和學習力，也讓大腦加速老化。缺乏適當的睡眠，使得我的壓力荷爾蒙開始失調，進而影響到體重、心情及腸胃健康。而多年後的現在，我已經成為睡眠的傳教士。為什麼？因為我知道放鬆睡覺不只是健康免疫系統的基礎，也是身強體壯的根本。

每天晚上睡滿八小時，乍看之下，是個好懂又簡單的任務，對吧？但是多數人都試圖繞開這件事，無論是因為太忙於工作、以社交為重，還是因為投入自己的興趣之中，導致我們整晚都盯著天花板睡不著。說到改善健康，好好睡個覺是最簡單的了，但很多人卻不知怎麼地難以做到。我的許多病人每天上健身房、吃得健康、餐餐自己煮，並為此做出了許多犧牲，像是過著排除酒精或糖分的生活，卻還是無法好好睡上一覺。事實上，多達五千萬的美國人具有某種形式的睡眠障礙（強調一下，這可是比紐約和德州的人口加總還要多），而且在美國，每三個成年人當中，就有一人的睡眠少於至少七小時的建議量。

很不幸地，這對健康造成的影響可不只有一種。為什麼？因為睡眠不足不僅讓我們隔天感到疲倦，也會導致發炎以及氧化壓力，提高患病的風險。當你瞭解到缺乏睡眠與高血壓、心臟疾病、肥胖、糖尿病、憂鬱症以及癌症患病風險增加之間的關聯性，那「等我死了，我就會去睡了」這句名言就有著截然不同的意義了。

由於這本書是在談論免疫系統，**睡眠缺乏也會傷害到你對病原體的抵抗力，也是免疫疾病、過敏及慢性發炎的成因之一**，這點也就沒什麼讓人訝異的了。換句話說，**睡眠不足會直接導致你在那四種免疫表現中所看到的失衡現象**。你那支免疫系統大軍裡所有複雜的成分，都得仰賴適量的睡眠以及健康的晝夜節律週期，才能有效運作。很多人因為不懂得一夜好眠的藝術，而賠上了自己的健康，每天晚上都在提高患病的風險。

》》簡單搞懂晝夜節律週期

我知道在讀上一段的時候，很多人都是這樣想的：「咦，我們每個人所需要的睡眠時間不是不一樣的嗎？」雖然每個人的「時型」都不一樣——有些人是徹頭徹尾的夜貓子，有些則是那些討人厭的早起鳥兒（在下我本人就是其中之一）——**但人類天生就是要在夜間睡眠，在白天、有自然光的時候清醒。**這是因為我們的身體機能是由晝夜節律週期所驅動，而我們的晝夜節律週期則是由某種類似中央調節器所設定的，它隱藏在大腦一個名為視交叉上核（Suprachiasmatic Nucleus）的區域[1]。這個中央時鐘（你可能也聽過有人將它稱為「生理時鐘」）大致上是根據地球公轉的二十四小時週期來運作的。我說「大致上」是因為我們的身體並不像是一般的時鐘那樣精準讀秒，而是每天依靠對於亮光的接觸來重新校準生理時鐘，就像瑞士錶那樣。你每天早晨睜開雙眼、陽光灑落視網膜，就會調整你腦內的中央時鐘，告訴大腦及身體現在已經早上了。這個訊號也會讓體內組織和細胞裡的「迷你時鐘」跟著同步，幫助你調節荷爾蒙、消化系統及免疫系統[2]（這也是跨時區飛行，或是從一般時間調整成日光節約時間，對身體帶來如此嚴重混亂的原因之一）。

到了一天的尾聲，太陽下山，大腦的松果體就會開始提高那個讓你保持睡眠／清醒的主要調節器——褪黑激素。它是一種抗氧化劑，可以預防細胞受到傷害，但也會調節特定的促發炎性細胞激素，扮演平衡免疫系統的角色[3]。褪黑激素的量在白天是非常低的，但當黑夜降臨，濃度就會爬升，並讓身體許多重要的轉變開始動起來。這不只會讓我們感覺放鬆、想睡覺，也會影響血糖、體溫及血壓；不過這裡有個陷阱：**只要些微的光亮就會讓褪黑激素無法在晚間順利升高，就算是床頭櫃上的鎢絲燈都有可能擾亂褪黑激素，讓你無法順利睡著。**

短波長光源（藍光）對於褪黑激素以及睡眠的影響比床頭燈更糟。1988年，科學家發現了視網膜上有一種專門的黑視蛋白細胞，對於短波長藍光極度敏感[4]。白天的時候，藍光會帶來刺激，並對我們的專注力以及心情有所幫助；但是到了晚上，**如果接觸到這個波段的光源，松果體很快就會停止製造褪黑激素，讓我們的晝夜節律失衡**[5]。不幸的是，LED燈會發出藍光，我們的手錶、電腦、平板、智慧型手機和電視所發出來的光源也都是。就連我們試著要入睡時，也還是身處在臥室裡的加濕器、充電器、寶寶攝影機、鬧鐘以及冷氣等裝置的指示燈所發出的藍光當中，難怪睡不著！

九成的美國人都表示，會在睡前使用發出藍光的科技產品，而且當他們對於進行的活動投入程度越高——像是傳訊息、用電腦工作，或是打電動——就越難入睡，隔天早上的精神也越差[6]。就算只是被動地用螢幕閱讀也可能是個問題。2014年，哈佛大學有份研究比較了使用電子閱讀器與閱讀紙本書籍之間的影響。比起閱讀傳統紙本書籍的人，使用電子閱讀器的那一組人花了較長的時間才入睡，並且快速動眼期睡眠（你作夢的那個階段，同時也是你儲存記憶的時間）也比較短。就算是在睡滿八小時之後，使用電子閱讀器的人也用了較長的時間起床，並且覺得比較疲累[7]。我不想把失眠和睡眠品質低落全都怪給藍光，畢竟還有很多其他因素也會影響睡眠品質，**但我們的日常燈光汙染，的確扮演了相當重要的角色。**

》睡眠時的免疫系統

你可能在想，我為什麼要花這麼多時間談晝夜節律以及藍光。嗯，**雖然睡眠對你身體的其他部位來說是一段安靜的時光，但卻是免疫系統非常活躍的一段期間。**這乍聽之下可能很奇怪，讓我們來更深入地瞭解睡眠各個不同的階段，以及你的身體分別在做些什麼。

當你晚上剛入睡時，進入的是非快速動眼期睡眠（Non-rapid Eye Movement Sleep），這時你的肌肉開始放鬆、呼吸變慢。接著進入深度睡眠，免疫系統處在一個高度活動的時期。初始T細胞會進入你的淋巴結，被帶到先天免疫細胞白天時收撿回來的抗原面前；自然殺手細胞忙著殺死病毒並搜尋著癌細胞的蹤跡，B細胞則在製造抗體。在深度睡眠期，促發炎性細胞激素濃度很高是相當正常的，像是腫瘤壞死因子-α（TNF-α）、白血球介素-1（IL-1）以及白血球介素-6（IL-6），這些是由褪黑激素所觸發，會引導你的免疫細胞去攻擊白天入侵到你身體裡的傢伙。這種促發炎的環境之所以會在睡眠時期接管你的身體，其中一個原因在於，那時不會有高濃度的壓力荷爾蒙——皮質醇。**皮質醇的濃度在夜晚是最低的，因此不會有強力的抗發炎反應來干擾這些免疫活動**[8]。

這場免疫狂暴現象可能會在夜晚我們睡著時發生，因為不管什麼形式的發炎，在白天遇到都不是太方便[9]。試想一下：身上又痠又痛、還倦怠發燒，都無益於運動、工作、社交或其他活動量大於在沙發上縮成一團的事情。你有沒有想過，為什麼晚上比較容易發燒，或是為什麼你生病的時候會睡這麼久？因為那些夜行性的細胞激素忙著殺敵。

免疫活動以及睡眠的循環也是雙向互動的。當我們受到病毒或是細菌感染時，免疫反應會導致大腦發生改變，讓我們實質上真的會想睡覺。實驗中，那些注射了少量來自細菌內毒素的志願者出現了非快速動眼期睡眠增加的現象[10]。身體和大腦確實會在我們受到感染攻擊時，透過引發睡意的細胞激素叫我們去睡覺[11]。除此之外，在非快速動眼期睡眠期間，體溫調節系統也會就定位，準備好引起發燒，協助擊退細菌與病毒。發燒的出現是受到幾種促發炎性細胞激素所刺激的，像是干擾素-γ（IFN-γ）以及腫瘤壞死因子-α（TNF-α），並且已顯示出有助於改善復原狀況。但這裡有個陷阱，只有當你在深度睡眠時，才可能會有夜間睡眠發燒。為什麼？因為發燒需要身體顫抖，而這種身體機能在快速動眼期睡眠是被限制住、不會出現的，只有在非快速動眼期的特定深度睡眠階段才會發生[12]。

這些夜間免疫活動都需要大量的能量。身體需要燃料來製造新的蛋白質、釋放出新鮮的細胞以及產生大量抗體。幸運的是，我們在睡覺的同時，基礎代謝率會下降，肌肉也不會像白天四處走動時那樣，燃燒那麼多的葡萄糖，讓免疫系統可以挪用多餘的能量，執行自己的工作。這套系統真的很厲害，就像是身體已經把一切都設想周到了。夜間發炎反應所產生的垃圾——會傷害細胞並且製造氧化壓力的自由基——褪黑激素甚至可以自己搞定。**它不只是睡眠荷爾蒙，還是一種強力的抗氧化物以及自由基清道夫**[13]。

缺乏睡眠與免疫系統

適度的睡眠可以讓免疫活動以及發炎反應在受到控管的環境下運作；於此同時，**長期缺乏睡眠則會讓這些反應失調，並帶來慢性發炎及疾病**。缺少睡眠跟許多發炎性疾病狀態有關，包括肥胖[14]。之所以如此，是因為飢餓荷爾蒙會在我們沒有睡覺時被放出來。舉例來說，飢餓素（Ghrelin）——也就是增加釋放大腦飢餓訊號的荷爾蒙——在我們缺乏睡眠時會升高。除此之外，飽食荷爾蒙，也就是瘦體素（Leptin）則會下降，因此我們容易覺得餓，但是吃東西時的飽足感卻降低。肥胖本身就是一種慢性發炎的情形，因為脂肪細胞會自行在周圍分泌一種促發炎性的化學物質，叫做脂肪素（Adipokines）。事實上，肥胖的人的腫瘤壞死因子-α（TNF-α）、白血球介素-6（IL-6）及C-反應蛋白（CRP）都會出現三倍的增長，這些將進一步造成慢性疾病並加速老化。**因此，你大可以把睡眠當成一種降低發炎、避免體重增加的好方法**。事實上，這是最便宜、也最舒服的減重技巧：**確保自己睡滿八小時！**

睡眠缺乏導致肥胖以及另一種免疫疾病——第二型糖尿病——的方式之一，是對你夜晚的血糖值大肆破壞。一些研究顯示，睡眠時數短的人會隨著他們的年齡增長，罹患第二型糖尿病以及肥胖的風險也會增加。有份研究請來了十一位年輕人，並限制他們六天晚上只能睡四小時。六天過後測量了他們的葡萄糖耐受度，跟另一組受試者（六天被允許每晚睡到十二個小時）的數值做比較，結果相當驚人：在缺乏睡眠之後，人體的葡萄糖耐受度大幅下降，壓力荷爾蒙則是向上衝高[15]。坦白說，即便是沒這麼嚴格的睡眠限制，也會造成類似現象。另一份研究比較了每晚睡眠時間少於六點五小時，以及介於七點五至八小時兩組健康人士的葡萄糖耐受度。一開始，兩組人的葡萄糖耐受度看起來是一樣的，但是睡眠缺少的那組，為了要平衡血糖，平均就會多分泌50%的胰島素[16]。就是這種模式，僅僅只是縮短幾個小時的睡眠而已，長久下來會導致胰島素阻抗，最終導致糖尿病。

長期睡不好會讓我們承受很大的壓力，提高壓力荷爾蒙皮質醇，並且讓身體進入「或戰或逃」的緊張模式。皮質醇應該要在我們睡眠時到達最低點，並且在凌晨兩點前都不應該增加，然後在早晨時達到巔峰。但是，如果皮質醇在半夜升高，就會告訴身體「我們遇到了緊急狀況」，而不是放鬆並從前一天的疲勞中恢復。皮質醇會誘發葡萄糖從器官中釋放出來，就像我們需要戰鬥或逃跑時那樣[17]。這就是為什麼我們的血糖可能會在夜晚衝高，長時間下來，便提高罹患糖尿病以及其他疾病的風險。

你現在應該能理解，在主要的睡眠荷爾蒙褪黑激素的領導之下，我們的免疫系統在夜間是相當活躍的，也知道缺乏睡眠會破壞平衡、讓血糖及荷爾蒙亂掉，並且導致像是糖尿病及肥胖等疾病。這同時也是個惡性循環，因為隨著發炎的程度越高，免疫系統就越弱；而我們從新冠肺炎大流行學到了一件事：先前存在的狀況，會讓免疫反應越來越弱化。有糖尿病、心臟病、高血壓、肥胖以及其他合併症的人，因為新冠肺炎和其他嚴重感染而需要住院、甚至死亡的風險都比較高[18]。簡而言之，**過度發炎的身體和不健康的免疫系統，是無法抵抗強大的新型病毒並且康復的**[19]。

我想你一定也有過熬夜幾天之後感冒生病的經驗吧。**那是因為睡眠不足會對免疫系統帶來立即的破壞。**事實上，有研究指出，即便只有一個晚上缺乏睡眠，都會降低那些對抗病毒感染的自然殺手細胞活動，以及細胞激素濃度。有份研究把受試者分成兩組，並在某天早上接受了A型肝炎疫苗，接著其中一組熬夜整晚，另一組則正常地睡了一晚。四個星期後，睡整晚的那組人所製造出的抗體數，比睡眠缺乏組高了兩倍[20]。失眠或是長期缺乏睡眠的人在注射流感疫苗後，也有類似的結果[21]。如果你一般每晚睡不到七小時，那麼比起每晚睡超過八小時的人，得到普通感冒的機率幾乎是三倍[22]。更令人擔心的是，研究指出，睡得不好的癌症病患死亡率也比較高，可能是因為巡防癌症的自然殺手細胞會變弱的緣故[23]。

由於睡眠同時跟慢性病還有對抗急性感染的能力都有關聯，與免疫系統之間的關係顯然是盤根錯節。不過好消息是，**你一但開始有高品質的睡眠，免疫系統也會跟著快速回彈。**舉例來說，研究指出，僅僅經過一晚的補眠，自然殺手細胞的活動就會回歸正常[24]。除此之外，一晚安眠可以讓你的血糖值更好、壓力荷爾蒙降低，隔天也比較不會想吃不健康的食物。你也會感覺專注力提高、心情與精神都更好。這些立即的效益都是睡眠最令人驚豔的幾個好處，也是睡眠對於改善健康之所以如此重要的原因。我們可能會以為自己得要努力好幾個月後，才能開始看到成效，這對於吃得更健康、運動、服用新的營養食品或藥物來說可能沒錯，不過改善今晚的睡眠，可以讓你在修復健康方面收立竿見影之效。效果之快，隔天早上就能感受到了，挺不賴的吧？

》你的睡眠工具包

不管你屬於哪種免疫表現型，都需要讓睡眠極大化，好遠離慢性疾病及急性感染。我注意到每個人覺得有幫助的睡眠工具並不相同，請使用接下來的睡眠工具包，根據你個人的日常時程以及需要改變的習慣，把它們當作是能輔助你的技巧和小撇步。這些方法並不是針對你的免疫表現型，相反地，你要注意看看自己在哪些地方還有改善的空間。畢竟，人一輩子有三分之一的時間都是在床上度過的。你可能會很驚訝這些小事加起來對你的睡眠所帶來的影響。準備好了嗎？我們開始吧！

如果你想要讓自己的睡眠品質升級，有三件事是你一定要做的：**把睡眠排在優先順序、打造健康的睡眠環境、睡前讓自己放鬆。**

■ 重新調整睡眠在生活中的優先順序

想收穫睡得香甜所帶來的好處，就要從生活的優先順序開始調整，**不能再把睡眠當成是為了完成其他（更重要的）目標而被犧牲的事了**。跟著我說一次：睡眠是沒得談的。國家睡眠基金會（The National Sleep Foundation）**建議成年人每晚要睡七到九個小時，**如果經常性少於七小時，可能會讓你罹患多種疾病的風險增加[25]。你具體需要多久的睡眠，會因年齡及健康狀況而異。同時，你的睡眠品質，以及躺在床上有多少時間是真正睡著的，也要納入考量。**有個不錯的經驗法則是把目標放在睡八點五小時，好確保有睡滿那最底線的七小時**。如果你說沒有足夠的時間睡覺，那我要對你提出一個挑戰，請去記錄你一天二十四小時都花在哪裡。你可能會震驚於有多少時間是花在上網、看電視、網路購物以及其他對生活沒多大助益的事情上。當你誠實面對自己使用時間的方式時，就去想想如何能夠縮減這些不重要的活動，重新把時間優先規畫給睡眠。

一個有效的方法可以幫助你減少無意識滑手機的時間，就是在手機的App上設定每日使用時間限制，大部分的手機都內建了這個功能。設定警示或是時間限制，不只可以避免你浪費時間滑手機，也可以看出自己花多少時間在這上面。除此之外，建議你每天晚上把手機和電腦收進同一個抽屜裡，就可以在睡前遠離科技裝置。人類行為專家發現，**成功做出健康生活選擇的關鍵，比起動機及意志力，更重要的是把你的生活設計成讓自己更容易做出健康選擇的模式**。因此善用一些工具，可以幫助你找出更多的睡眠時間。

■ 打造絕佳的睡眠環境

臥室應該是你的睡眠聖地，只要不是住那種無隔間的小套房，那麼，臥房就不應該被當成辦公室、廚房或客廳。你不需要昂貴的床組、厚重的被子或是涼墊（雖然這些東西都很棒），一張舒服的床墊、一顆高品質的枕頭和柔軟的床包就足夠了。如果臥室裡有一些電器是有指示燈的，請用黑色電工膠帶貼起來。如果街燈會從窗戶透進來，就裝個黑色窗簾。如果會聽到外面交通的噪音，就用白噪音機將其蓋掉。最後，要確保臥室是舒適涼爽的（睡眠最佳的溫度是攝氏十八度左右）。

你不需要複雜的睡前儀式來改善睡眠，大部分的人反正也沒時間做這些事。請把注意力放在「關機一小時」上。睡前一小時，把電子裝置都關機，包括電腦、平板及iPad。手機請調成飛航模式，只留下緊急來電，並用這段時間準備上床睡覺。

■ 睡前讓自己的心思靜下來

大部分失眠的成因都在於反覆思索著一些尚未發生、而且可能也不會發生的事情。好消息是，有很多方法可以讓心思及身體靜下來，準備睡覺。請實驗看看以下這些建議，找出對你有用的方法後，就持續執行。

- **睡前寫寫日記：**用寫下來的方式去處理擔憂，這已證實有助於清除腦中充滿壓力的念頭，於是你也不會因為這些想法而睡不著覺。感恩日記也是個讓你懷著正面心態上床睡覺的好方法。只需要預留幾分鐘，寫下當天晚上值得感謝的三件事情。做起來簡單又有效。

- **做呼吸練習**：如果處在焦慮或擔心的狀態，或只是有一點靜不下來，做幾分鐘的呼吸練習，就可以讓具有鎮靜作用的副交感神經動起來。我用的是4-7-8呼吸法，這是我從安德魯·威爾（Dr. Andrew Weil）醫師那邊學來的，方法是這樣的：靜靜地坐著，把舌尖頂在上顎，靠近上排牙齒後方，吐氣，並發出「呼」的聲音，接著用鼻子吸氣，默數4秒，閉氣數到7，然後用嘴巴吐氣8秒。再重複這套流程三次，也就是總共做四套。這方法經臨床證實有助於放鬆身心，而且只需要幾分鐘的時間。

如果想要獲得健康的睡眠生活，以上這三個小技巧對你來說就是必要的。如果都已經做到了，可以往下看看其他的技巧跟撇步。

■ 試試看鎂

鎂常常被稱作是「放鬆」的礦物質，因為它可以對抗壓力、失眠、焦慮以及肌肉緊繃疼痛。為了一夜好眠，你可以用營養食品去補充鎂，但我最喜歡的方法之一是用鎂鹽泡個熱水澡，讓鎂穿透皮膚和肌肉，帶來放鬆的效果。即便單純泡個熱水澡，都有助於讓你更快入睡[26]，在浴缸裡也很難傳訊息或看電視，所以是個一石二鳥的好方法。

■ 使用香氛療法

一些研究指出，精油有助於改善睡眠品質並降低焦慮感[27 28]。我很喜歡使用擴香儀，滴入薰衣草和其他有助於放鬆的精油，像是佛手柑及依蘭依蘭。這些都不貴，而且會讓你的房間非常芬芳。如果你覺得擴香儀的效果太劇烈，也可以把精油噴在枕頭上。

■ 做些簡單的伸展

睡前做點伸展或是修復瑜伽，有助於改善疼痛、高血壓、不寧腿症候群以及焦慮。即便是上床前做幾個姿勢，都可以讓副交感神經系統活絡起來，幫助你睡得更好[29]。我很喜歡做雙腳靠牆式、嬰兒式，甚至只是大休息式，最棒的是，只要五分鐘就可以帶來很大的效果。

■ 喝杯花草茶

要提升睡眠品質，我最喜歡的方法之一就是喝杯有放鬆或是助眠功效的花草茶。最好是在睡前兩個小時左右就喝完，才不會半夜需要起來上廁所。要選那種內含多種草根、甘菊、檸檬香蜂草、啤酒花或是西番蓮成分的花草茶[30 31]。我最喜歡的茶品包括Traditional Medicinals的晚安茶（Nighty Night Tea）以及Yogi的睡眠支援草本茶（Bedtime Tea）。

■ 戴濾藍光眼鏡

戴濾藍光眼鏡也是一個改善睡眠的超簡單方法。家中會抑制褪黑激素的藍光實在太多了，但又是屋內不可或缺的存在。夜用眼鏡通常都是琥珀色或橘色，可以擋掉超過90%的藍光。戴濾藍光眼鏡對於改善睡眠品質，以及減少失眠情況已被證實有顯著的功效[32]。我最喜歡的是Swanwick的眼鏡，但也有一些其他優質的製造商以及醫生處方的選項。你也可以把節能燈或是鎢絲燈換成低藍光燈泡，市面上有好些產品可以選擇。事實上，我有個病人就發明了一款燈泡，叫做睡眠燈泡，幾乎可以過濾掉所有的藍、綠光，而且用個幾年都沒問題。

我們在這個章節瞭解到，睡眠之於整體免疫系統的健康，扮演了相當重要的角色。事實上，我有十幾個病人僅僅只是把睡眠列為優先事項，就大幅改善了自體免疫問題、過敏、慢性發炎或是虛弱的免疫系統。我是故意把睡眠這個章節立刻接在免疫修復計畫之後的，因為我真心認為睡眠最重要。你可以去運動、吃得健康並且控管壓力，**但如果缺乏睡眠，免疫系統的健康依舊比不上你按照建議每晚睡滿八小時來得好。**

Chapter 06

優化壓力——好與不好的壓力皆然

1990年代初期，我剛從大學畢業，拿了個生物學的學位，但就像一般的研究生一樣，我並不很清楚接下來想要做什麼。但我的確知道自己需要一份工作，也需要一些時間來想想未來。我在紐約市知名的洛克菲勒大學（Rockefeller University）得到了一份實驗室技師的工作，成為布魯斯・麥克尤恩博士（Dr. Bruce McEwen）實驗室裡的一員。而我當時還不知道，這份經驗最後會形塑我多年之後的事業。麥克尤恩博士是神經內分泌學領域的佼佼者，特別是在壓力荷爾蒙對於大腦的影響方面。他甚至還創造了「身體調適負荷」（Allostatic Load）這個詞，也是現在我們所知的「壓力對於身體所造成的耗損」[1]。

我被指派到了一個很厲害的科學家團隊，專注於研究急性以及慢性壓力對於老鼠免疫系統的影響。在我天真地用著移液管、跑放射免疫分析，試著不要弄壞超速離心儀的同時，心理神經免疫學這個新興的領域在科學界正獲得越來越多的關注。心理神經免疫學究竟是什麼呢？基本上，就是在研究心理狀態是如何改變我們的生物化學，並因此形塑出我們的免疫系統以及健康表現。在當時，這個概念相對是比較新的，但過去三十年，慢性壓力如何影響免疫系統以及人類疾病的研究數量爆炸性地增加，而這個事實也徹底滲透了我們對免疫系統的看法。三年後我離開那個實驗室，並在紐奧良念了醫學院。在洛克菲勒大學的那段時光，決定了我走上醫生的道路，當然也有助於建構講述壓力及免疫系統的這個章節。

現代「或戰或逃」的反應問題

跟我談過話的人，幾乎都聽過「或戰或逃」的反應，我們的身體絕對也都曾經在某個時間點感受過這個狀況。是腎上腺素的飆高，導致了你心跳加速，並且引發肚子緊張不適的那種躁動感。有時候是因為好事所引發的，比方說，你馬上要結婚，或是在大家面前領獎的時候。但有些狀況就沒那麼好了，像是聽到令人絕望的消息，或是晚上在暗巷發現有人尾隨。不管是哪一種狀況，這種壓力反應都對我們在地球上的存續有著演化上的重要性。無論你喜不喜歡，壓力反應都讓我們得以存活、免於危險，並讓我們一瞬間能有力氣去抵抗以及／或者逃離危險。

馬上來舉個例子。你踏出人行道，差一點點就被高速行駛的公車撞到，這時，大腦中的杏仁核立刻偵測到你的安全受到威脅，然後在毫秒之間，交感神經系統就會啟動兩種荷爾蒙——正腎上腺素及腎上腺素——從神經末梢以及腎上腺體大量流入血液循環中。這些荷爾蒙會使你的心跳加快、瞳孔放大、讓血液流入大肌群，並且刺激葡萄糖進到血液中，此時要戰要逃都可以。在這套初始系統啟動之後，很快第二套系統「下視丘－腦垂體－腎上腺系統（HPA軸）」就會被啟動。下視丘會先釋放一種荷爾蒙訊號，叫做促腎上腺皮質激素釋放激素（CRH），這會抵達坐落在腦底部的腦垂體。接著，腦垂體就會送出另一種荷爾蒙訊號，稱為促腎上腺皮質激素（ACTH），告訴位於腎臟上方的腎上腺分泌出皮質醇。而這全部只需要幾分鐘的時間，如果壓力來源解除了，副交感神經系統就會啟動一種「放鬆反應」讓你重回平衡。這通常被稱為「休息和消化」階段，因為當你出現壓力反應、皮質醇快速上升時，消化以及睡眠能力會立刻被捨棄。

所以壓力到底有什麼問題呢？如果我們的壓力是種有益的演化適應，那為什麼會聽到專家老是在警告我們小心「壓力的危險」呢？嗯，專家們警告的並不是這種短期、急性並且很快就會解決的或戰或逃反應，像是我前面舉的公車例子那樣。**他們警告的是慢性、持續性的壓力所具有的危險**，我們已知這種壓力對健康會帶來負面的影響，包括一些疾病的發生或惡化，像是癌症[2]、心臟疾病[3]、憂鬱症[4]以及自體免疫疾病[5]。數千年前，我們得要面對大量的短期壓力，像是打獵以獲得食物、尋找安全的遮蔽處、部落間的交戰以及野獸的攻擊（聽起來二十一世紀的生活非常美好，對吧？）。在現代，壓力有形形色色的來源，而且跟上述那個公車事件不同的是，大部分的壓力來源——像是跟你的另一半吵架、工作壓力、塞車、財務問題——都不會對生命產生立即的威脅，但這就是麻煩的地方：**我們的身體對於這些壓力來源的表現，都跟在叢林中有隻老虎逼近，以及差點被公車撞**

上的時候一模一樣。而且如果加上這些小小的、常常會觸發或戰或逃反應的壓力來源，就會逐漸改變免疫系統以及疾病狀態。

事實上，壓力對身體會造成什麼樣的影響，最後還是要回到我們看待壓力的方式、壓力程度有多激烈，以及面對壓力的時間有多長。不幸的是，現代生活是觸動壓力反應的完美配方。多數的人都會說自己「壓力很大」，但如果細想，**真正傷害我們的很可能其實不是壓力來源，而是身體持續性的生理及荷爾蒙反應，導致了免疫系統的改變**。不管壓力是出自於你的覺察或想像（對，我就是在說你們這些杞人憂天的傢伙！），還是實際上感受到生理或心理上的壓力，身體都會出現同樣的反應。就像我們前面所學到的那樣，這有一部分是因為正腎上腺素、腎上腺素、促腎上腺皮質激素釋放激素（CRH）以及促腎上腺皮質激素（ACTH）的釋放，但除此之外，也跟皮質醇有關，你可能已經稍微有聽過這種荷爾蒙。

皮質醇在保健圈子裡的名聲通常都不太好，大部分是因為大家只會談到它的負面影響。但事實上，就跟或戰或逃的反應一樣，皮質醇對於生存是不可或缺的！我們整天都在按照著晝夜節律分泌著皮質醇，而這樣子的晝夜節律則是由我們在第5章中所學到的那個「主時鐘」在調節的。**你在檢視皮質醇的分泌規律時，會發現幾乎跟褪黑激素是相反的**。看起來會像這樣：皮質醇在上午七點達到高峰，讓我們準備好面對白天的挑戰，接著就會開始減少，到半夜降到最低（除非你在臥室裡收看晚間十一點多的新聞，或是深夜吵了一架，讓你壓力很大）。接著就會再度開始緩緩上升，直到我們早上睜開雙眼為止。

由於皮質醇一天內上升與下降的模式是可預測的，要是想準確量測，你得要在不同的時間點多次測量。我的做法是使用居家皮質醇小便檢測，這種試劑可以在白天及傍晚期間記錄超過四次的皮質醇濃度。這點相當重要，因為即便你的皮質醇在白天的某個時間點是正常的，但是在別的時間點還是有可能會過低或是過高，而不這樣測量，你是不會知道的。

皮質醇測試的選擇

在我對病患的評估中，皮質醇測試是非常重要的。很多人因為體重增加、免疫問題和疲倦這些原因前來，而我會想瞭解這些人是否因為長期壓力以及下視丘－腦垂體－腎上腺系統（HPA軸）功能異常，而導致皮質醇分泌過低或過高。要釐清這一點，我需要知道他們睡前以及剛起床時皮質醇濃度是多少。多數人透過一般的實驗室都有辦法進行檢測，但若是要精準掌握一整天下來皮質醇分泌的曲線，除非在實驗室旁邊搭個帳篷、抽好幾次血，不然是不可能的。還有一種測量皮質醇的方式是透過居家唾液或小便檢測，這兩種都是很好的選擇，而小便檢測有個好處是可以看出你是如何代謝或分解皮質醇，這項資訊可能會滿有幫助的。大部分功能醫學的從業者都可以開立這種檢驗的處方並加以解讀，不過這通常都不在保險給付範圍之內。

皮質醇扮演了很多不同的角色，從協助血壓、血糖和心律的調降，到活化免疫系統以及抗發炎反應都是。你可能對於皮質醇是「抗發炎的」而感到驚訝，但這之中有個可能會讓你理解的連結。試想，有人會為了治療關節炎而在膝蓋處注射類固醇、用類固醇噴劑治療鼻子過敏、因為氣喘發作而服用類固醇錠，或因為毒藤所引發的過敏，在皮膚擦上可體松藥膏。這些都是使用皮質類固醇——其中也包含皮質醇——以降低免疫系統反應的方法。我們的皮質醇反應之所以如此複雜，是因為皮質醇分泌的時間點、頻率及量體，會對免疫系統產生截然不同的影響。這點很重要，**因為皮質醇是造成那四大免疫表現的一個主要因素。**

》》壓力：急性壓力與慢性壓力

如你在這本書所見，若將皮質醇所扮演的角色過度簡化，刻板地將其貼上「好」或「壞 」的標籤，這樣的理解並不準確。同樣的概念也適用於壓力。我的前同事佛達斯．達巴爾博士（Dr. Firdaus Dhabhar）在良性及惡性壓力的領域，是一位知名的研究員。他設計了一份壓力光譜，精準描繪出某種特定的壓力如何對我們的免疫力以及整體健康帶來好處[6]。很令人驚訝吧？但如果你知道短期、急性的壓力源（像是那個公車事件）目的是要讓我們的身體可以在瞬間把所有的保護機制拉滿，就不會如此訝異了。因此，**急性的壓力實際上是有助於在短期內提升免疫力的。**在光譜的另一端，達巴爾博士則是告訴了我們，慢性壓力可能是件壞事，會導致免疫系統失調以及免疫抑制，讓感染問題增加、生病也會很難痊癒。我們也知道，頻繁的壓力事件似乎會讓像是類風濕關節炎[7]，以及潰瘍性結腸炎[8]這種自體免疫疾病加劇，也會引發過敏反應，像是濕疹[9]和氣喘[10]。

先從良性的壓力開始談起吧！就像剛剛所學到的那樣，急性的壓力對你可能是有好處的。當你的身體一進入或戰或逃的狀況時，就會意識到有受傷的可能性，因此白血球細胞，像是嗜中性球細胞、自然殺手細胞以及巨噬細胞，就會從血液中被重新分派出去，抵達像是皮膚、肺部、腸道等地方，準備迎戰任何外來攻擊。達巴爾博士把這個比喻為士兵從軍營移動到前線，或是不同的「戰鬥現場」，像是淋巴結，並準備應戰。造成這種效應的不只有皮質醇，其他的壓力荷爾蒙、腎上腺素及正腎上腺素，對於急性免疫反應的啟動也是至關重要的[11]。所以哪些可算是「良性壓力」呢？像是間歇性斷食、洗冷水澡、努力想要達成某個重要的學術目標或是學習成就，都是很好的例子。**其中，良性壓力最好的例子就是運動。**

運動是一個完美的例子，展現了良性的急性壓力如何對免疫系統帶來好處。如果進行三十至六十分鐘的中度運動，你體內循環的免疫球蛋白、嗜中性球細胞、自然殺手細胞、殺手T細胞以及巨噬細胞的數量就會大增[12]。這種程度的運動對於打磨免疫系統更是相當關鍵的一環，有助於改善對於癌症細胞的偵測[13]，長時間下來會減少發炎[14]，此外，運動在加強心血管健康、新陳代謝以及提升心情的效果更是不在話下。以女性為例，在注射流感疫苗之前，騎了四十五分鐘單車，或是剛完成一項艱難思考任務的人，對疫苗的反應較佳[15]。傳染病學上的證據指出[16]，規律的運動可以降低年長者染上許多慢性病的機率，包含因病毒和細菌所導致的傳染性疾病、乳癌、大腸癌及前列腺癌[17]，以及慢性發炎性疾病，像是心臟疾病[18]。換句話說，**運動及短期壓力可以降低發炎，並且提升整體健康**。最近的研究甚至顯示，運動有助於改善感染新冠後的復原狀況[19]。

接著來談談負面的壓力。這就完全不同了，即便每天只是持續承受低度的壓力，都會帶來有害影響[20]。負面壓力之所以成為問題，是因為多數的人都無法在工作和生活之間取得很好的平衡。慢性的壓力會提高你出現新陳代謝症候群的可能性，此種病症特徵是肥胖、高血壓、胰島素阻抗以及高三酸甘油酯。而我們知道，這些會提高心肌梗塞、糖尿病以及中風的機率。事實上，**比起沒有工作壓力的人，有長期工作壓力的人得到新陳代謝症候群的機率是兩倍**[21]。一份針對超過六十萬名遍及歐洲、美國及日本男女的研究表示，工作壓力大且工時長的人，比起沒有龐大壓力的人，罹患冠狀動脈心臟病的風險高出10%到40%[22]。沒錯，你可以把你部分的健康問題怪到你的工作上。長期的壓力會擾亂我們的細胞介導免疫，這會對癌症細胞的監視以及摧毀能力帶來極大的衝擊。長期壓力已被發現會提高癌症發生的機率，像是鱗狀細胞皮膚癌[23]，同時也會造成這種疾病加速散播[24]。長期壓力也有可能會提高那些比較敏感的人出現自體免疫疾病的風險。有一份研究針對十二萬五百七十二名現役並被診斷出創傷後壓力症候群（PTSD）的軍事人員進行探討，他們在五年內發展出自體免疫疾病的風險高達52%[25]，相當驚人吧？

甚至是在幼年時期的壓力，都有可能會在我們的免疫系統留下印記，而且心理和生理的壓力皆然。兒童時期的不良經歷（ACEs）會改變免疫系統在成年後對於壓力的反應，並對之後的健康造成影響。這是一個熱門的研究領域，一份研究發現，在具有自體免疫疾病的成年男女中，兒童時期至少有過一次不良經歷的比例超過64%，而他們所陳述的童年創傷越嚴重，因該疾病的住院率就越高[26]。

很明顯的，壓力和皮質醇以及其他壓力荷爾蒙對於免疫系統的影響，是沒有辦法一言以蔽之的。**我們不能說壓力都很「糟」，在特定的情境中，壓力具有適應效果、必須性，甚至是良性的。**這都得取決於壓力源的存續期間有多長、發生的時間點以及強度，而且大腦對於壓力的感知方式可以改變我們對壓力的反應。有些人在基因上的耐壓力就比較好，也比較會處理壓力，但是其他人也可以透過練習來精進這項技巧[27]。要怎麼辦到呢？透過努力建立彈性，也就是在面對挑戰、困難、創傷及悲傷時，可以好好適應的能力。史丹佛心理學家凱莉・麥高尼格（Kelly McGonigal）在她的著作《輕鬆駕馭壓力》（*The Upside of Stress*）中提到，**把壓力當作挑戰，並且認為那只是生活中一部分的人，健康狀況會比害怕並逃避壓力的人好。**

我們是有辦法培養這項能力的，而且有不少方法可以幫助你建立彈性，並管理身體對於壓力事件的反應。如果你把下一節工具包中那些習慣和生活的練習逐漸內化，那它們就會強化你的彈性肌肉。除此之外，我還會談到各式各樣的自然物質，可以減輕壓力對於大腦造成的衝擊，進而也舒緩其對免疫系統的影響。儘管無法徹底避免所有的惡性壓力，但我們對於壓力的掌握度，其實還是遠遠超過你一直以來所認為的。

》》你的壓力工具包

這裡提供的許多建議，將大幅改善你對壓力的反應，讓你在面對日常壓力源時更有彈性。但是，很多人走向或戰或逃的反應都已經根深蒂固，這可能會需要時間和練習。重新將睡眠視為優先事項，依然是我對於改善免疫系統的第一名技巧，練習管理壓力雖然名列第二，與第一名的差距卻也僅在毫米之間。有個好消息是，**睡得好會減少壓力，而壓力變少則有助於你睡得更好**。就像是滾雪球效應，只要改善健康的某一面向，就會自動推進其他面向的治癒。

因此話不多說，這邊有些方法能幫助你迎接席捲而來的壓力、讓你感覺比較平靜、獲得更多復原力，也降低罹患壓力相關的疾病。

■ 建立每日覺察練習

我知道、我知道，這你已經聽過了！我敢賭上我全部的財產，大多數人都已經試過（或者失敗過）建立規律的冥想練習。身為一個常常向病患推薦冥想的醫生，我總是不斷聽到「我沒空！」「我坐不住！」以及「我試著要冥想時，思緒就是停不下來！」這些說法。如果你想過成千上萬個自己無法冥想的理由，那請讓我說一句：你是無法在一夜之間搖身一變成為冥想大師，或是佛教僧侶的——實際上也不可能，絕對不可能。但事情是這樣的——這完全沒關係！覺察比冥想好得多。事實上，你甚至不需要坐著不動或是將思緒清空，一樣可以從中受益。要做到覺察的方法有很多，而根據數據顯示，這些方法為免疫系統以及健康所帶來的好處令人驚豔。規律的覺察冥想可以降低發炎標記的指數，這些標記包括白血球介素-6、核因子活化B細胞κ輕鏈增強子，以及C-反應蛋白，同時還可以強化細胞介導免疫力[28]。

我一直都很推薦從像是「身體掃描」這種簡單的方式開始做起。在身體掃瞄的過程中，你會平躺在地上或床上，同時一步一步放鬆身體的每個部位。你可以搜尋身體掃描的引導式影片或聲音檔，按照指示跟著做就對了。如果坐著不動太困難，那你可以採用「經行」（Walking Meditation，又稱為行禪，為佛教術語）的方式。這在某些形式的佛教中相當流行。你只需要在行走時，有意識地把注意力集中在每一步的動作及呼吸上就可以了，而這會是你走過最放鬆的一段路！我建議把目標訂為一天至少十分鐘。

此外，還有很多App提供數千種選項，而且許多都是免費的。我最喜歡的有Calm、InsightTimer、Headspace還有Breethe，關鍵在於你從「現在」就開始做，並且每天「練習」。你可能永遠無法達到順利又毫不費力冥想的境界，但沒關係，還是能從中獲益的。

■ 每月進行一次數位產品戒除療程

在減輕壓力的各個撇步中，這是我最喜歡的方法之一。只需要每個月選一天，把所有社群媒體、新聞、電子郵件和電視都關掉。用這段時間外出、閱讀（紙本書）、下廚、運動、跟寵物玩，以及與親友一同享受面對面的互動。我跟你保證，你會變得比較平靜並且沒有壓力。即便每個月只有一天，其帶來的效益卻會持續好幾週。當你實行過一次後，肯定會很喜歡，並決定要更常這麼做。

■ 控管自己的思緒

認知行為療法（CBT）是心理師以及心理健康專家經常使用的一套方法，用來幫助改善焦慮、憂鬱、成癮以及許多其他的心理健康，甚至是生理健康問題。跟你說個祕密：你不需要去診所找治療師，就可以使用認知行為療法。你其實可以把這套方法用在自己身上，以協助管理對於壓力事件的反應。我們通常會根深蒂固地對壓力源產生像是膝反射的高度自動化反應，甚至大腦中理性的那一塊，都沒有機會實際去處理到底發生了什麼事。比方說，當你在路上被超車搶道的時候，是不是會大按喇叭並且罵髒話？電話響的時候，腦海中是不是總會浮現最糟的狀況？如果一個人沒有微笑或沒有跟你打招呼，你是不是會擅自認為他在生你的氣？如果對這些問題中一題或全部的答案是肯定的，你並不孤單。

有個好用的認知行為療法練習，叫做「思考—感受—行動」循環，可以讓這種彷彿膝反射的反應先暫停，使我們在行動前先思考一下自己的情緒和感受。方法是這樣的，下次你身體感受到像是恐懼、憂慮或是憤怒的時候，追溯這個情緒，一直到你腦中原本的那個念頭。可能是「我剛剛報告得很爛，要被開除了」，或者「大家老是讓我失望」；接著，認真思考這個想法是從哪來的，更重要的是，問問自己這個想法是不是真的。很多時候，你會發現事情其實沒有這麼嚴重。這看似只是個小小的挑戰，但這種練習可以改變你對於所處情況的感受，於是也會改變你的反應。假以時日，你就會感覺自己的掌控力變強，也變得更正面、更快樂，而且受到壓力事件擺布的狀況減少了。

■ 走出戶外

想像一下，如果你去看醫生，但醫生並沒有針對病症開藥給你，而是提供了一個叫做「大自然」的處方箋。研究顯示，走出戶外、進入大自然可以大幅降低壓力，並且緩和壓力反應[29]。身處在大自然之中，可以確實降低皮質醇，並減少你感受到的憂慮，同時還會增加愉悅感。將自己沉浸在自然之中，也被發現是有助於改善免疫功能的。要做到這一點有很多方法，你可以在附近的公園散散步、去海邊走走、在花園裡漫步，或者在一些自然保護園區*健行——重點是去到任何可以暫時逃離科技、交通、噪音，並看到綠色植被的地方。

---

*原文為 State Park，意指美國一些州立公園，目的多為保護該地自然景觀。

■ 每天動動你的身體

如同我先前說的，運動是良性壓力的終極案例；而諷刺的是，運動也是提高彈性並減少惡性壓力最好的方法之一。研究顯示，長期規律的輕度及中度有氧運動，有助於降低皮質醇以及腎上腺素濃度，同時提高大腦分泌使人愉快的腦內啡。除此之外，運動也有助於減輕憂鬱及焦慮[30]，特別是具有修復性的動作，像是太極拳、瑜伽、伸展和步行，這些都會降低壓力荷爾蒙，同時改善主觀情緒。

耐力運動及高強度間歇式訓練（HIIT）會短暫增加皮質醇，但是這些運動對於新陳代謝、心情以及心血管健康都非常好，只要確定你在訓練之間擁有足夠的修復時間，或修復型運動[31]。皮質醇是一種分解代謝荷爾蒙——意思就是，它會分解肌肉和脂肪——如果這種激素大量湧入體內，並缺少復原的時間，你可能就很容易受傷[32]。研究指出，因為長時間、激烈的奔跑所導致的皮質醇上升，會需要多達四十八小時的時間來回到基本值[33]。參加馬拉松的跑者要跑長達約四十二公里，他們的氧化壓力指標會很高，也將出現高度的發炎。所謂的「過度訓練症候群」，部分是由於正常皮質醇回饋反應被中斷，以及像是睪固酮等其他荷爾蒙下降而導致的[34]，其特徵是免疫力低下、倦怠以及情緒轉變。

知名的馬拉松跑者萊恩・霍爾（Ryan Hall）在年僅三十三歲時，就宣布因為過度訓練所導致的虛弱型倦怠以及憂鬱，從競技性賽跑中退休。不要誤會了，我非常支持耐力運動及高強度訓練，我自己也完成過一些馬拉松和鐵人三項。但我也曾經在缺乏適度睡眠以及壓力管理的狀況下進行這些運動，因而經歷過一些非常糟糕的疲倦症狀，以及腎上腺素失衡。根據你的免疫表現型以及目前的健康狀況，有時候高強度運動可能不是你的最佳選項。

■ 嘗試使用適應原

關於可以用來管理壓力，以及平衡皮質醇對於免疫系統作用最重要的方法，雖然我都已經講完了，但除此之外，還有一種天然的物質，叫做適應原（Adaptogen），會對體內的神經荷爾蒙系統產生影響，並可以抵銷慢性壓力毀滅式的影響、提振精神、提高心血管耐受力，同時減少焦慮[35]。這些藥草一開始是第二次世界大戰中，俄軍用來提振士氣及耐力的；北極的探索者、前往外太空的太空人也試過這種方法，它們同時也被運用在其他會帶來強烈心理以及生理壓力的環境下。雖然每種適應原都有些微的不同，對於人體而言，目標都是一樣的，就是提振精神並且提高彈性、保護腦部及神經系統，或者舒緩並減少過度壓力所造成的影響。有些適應原可以帶來平衡，有些則讓你有精神。因此，根據皮質醇濃度以及壓力反應活動，你可能會需要特定種類的適應原。受到最多研究也最有效的適應原包括：

- **紅景天：**紅景天是一種根莖類，原產於歐洲、亞洲及北美。它協助壓力管理的效用受到廣泛的研究[36]。
- **刺五加（西伯利亞人蔘）：**原產於東北亞的小型灌木植物，對於健康有許多好處，也都受到廣泛的研究[37]。
- **五味子：**一種生長於中國北部及韓國的莓果，抗壓效果非常有名[38]。

- **睡茄：**一種傳統印度療法中已經使用好幾世紀的草藥，用來減少壓力並提升健康狀況[39]。
- **高麗參：**這種可以提振精神的藥草，在中醫以及韓國傳統醫學中用途廣泛，被運用在處理許多不同的健康問題上[40]。
- **檸檬香蜂草：**這種清爽、香味四溢的香草跟薄荷是同家族的。歷史上用於料理以及醫藥方面，也用來治療焦慮及改善認知能力[41]。
- **厚朴：**正如其名，厚朴是一種取自木蘭樹皮、葉子及花朵的藥物製劑。已證實其具有放鬆並減少壓力感知的功效[42]。

等我們分別講述各種免疫表現型時，會再談到更多的適應原，以及其他有助於調節壓力的自然物質，屆時你就會看到這些神奇的物質如何打造出一個更為平衡的免疫系統。

妥當地管理壓力，及獲得良好的睡眠，是健康免疫系統的基礎。當缺乏睡眠以及控管壓力，這本書的其他建議便都只能帶來微弱的效果。哪怕你只是採納了這些建議中的一項，對於扭轉自體免疫疾病、強化虛弱的免疫系統、減少肆虐多年的慢性發炎，以及修復失控的免疫反應等各方面，都會帶來長足的進步。

Chapter 07

照顧好腸道相關淋巴組織(GALT)——免疫系統的家

我在私人機構擔任過敏醫師的十年之間，所有患者都是帶著某種過敏或免疫問題而來。現在回想起來，我發現自己一次也沒詢問過他們的腸道健康狀況，甚至連想都沒想過。現在，則是我最優先評估的事項之一。我們花費了數個世紀的研究和探索，才理解腸道與免疫系統之間關聯的重要性。但有一件事情是日漸明朗的，就是**腸道即是免疫系統的震央**。你可能會覺得奇怪，免疫細胞為什麼會在那邊？它們不是應該隨著血液和淋巴液循環，掃描是否有危險存在，或在周邊的淋巴結處走動、待命嗎？事實上，這些細胞大部分都位於免疫系統的情報中心，也稱為腸道相關淋巴組織（GALT）[1]。

關於這點，數百年來，我們已經憑著直覺了然於心。現代醫學之父希波克拉底有句名言：「所有疾病皆始於腸道。」然而，當時缺乏先進的科技去實際理解這個概念。而現在，我們已經知道，腸道相關淋巴組織含有體內最高濃度的免疫細胞。從小腸一路到大腸，這個組織包含了大量的B細胞、T細胞、巨噬細胞及樹突細胞。科學論文指出，我們的免疫細胞中，將近70%都位於腸道相關淋巴組織內[2]，跟腸道內壁之間大約只有一層細胞的距離。

如果你細想，腸胃作為免疫系統的核心其實相當合理。為什麼呢？因為這裡是我們跟外界物質互動的場所，包括友善和危險的物質。**腸胃是我們對世界取樣的地方——所有食用、飲用、吞嚥，以及某種程度上甚至藉由呼吸攝入的物質，都會經由食道、胃，最終抵達巨大的腸道**。在這裡，免疫系統必須決定要對每個物質分別採取什麼動作。腸道內部可以說是在我們的「體外」——意思就是，組成了腸道防衛壁（還有厚厚黏膜層）的細胞，隔開了「外在世界」與我們的血流及體內世界。這意味著微生物、食物、毒素與所有最終會抵達腸道的東西，都會經過免疫系統的起始點。腸道細胞在彼此之間建立了緊密連結，以免病原、食物分子及其他物質不明不白地通過這道屏障。樹突細胞也可以把像是海星般的觸手伸過這道屏障，對經過的物質進行採樣。它們在進行自己免疫監督及辨識的工作，好決定誰是敵、誰是友。

我說過樹突細胞是先天免疫反應的一部分，同時也是信差，會把抗原的碎片送回去給T細胞，讓它根據這項資訊判斷該怎麼做；比方說，是不是需要派出細胞激素、通知B細胞製造抗體，還是什麼都不做。樹突細胞經常會把手指伸進腸道以探知狀況。另外，有種針對性的巨噬細胞，叫做M細胞，能夠吞掉腸道內的細菌並帶回淋巴結進行檢查。漿細胞也可以製造免疫球蛋白A並送入腸道，在這裡，免疫球蛋白A會纏上進入腸道的危險細菌和病毒，保護我們不被入侵。

確實有很多活動在進行著。我們身體薄薄的屏障內發生這麼多事，相當神奇吧？**你可以把這個區域想成是海關暨邊境保衛局——就是身體試著避免任何有危險的東西溜過界、在體內引發災禍**。免疫系統之所以會聚集在如此靠近腸胃的地方，另一個更重要的原因是，其需要待在我們的腸道微生物群系附近。

見見你的微生物盟友

腸道微生物群系更常被稱為腸道菌叢，這是一個細菌、真菌、古細菌（一種古老的單細胞微生物）、病毒以寄生蟲的組合，總共包含超過三十八兆的微生物。沒錯，有很多微生物都住在你的體內！事實上，最近在《自然》（*Nature*）期刊上有一篇文章，斷言人體內50%是人體細胞，另外50%則是微生物的細胞，非常令人驚奇[3]。我們確實是跨物種的有機體，並且有著超級複雜的生態系。如果沒有這個微型有機體小宇宙，人類的麻煩就大了。腸道內的微型居民會替我們進行許多重要的工作，從分解纖維並製造燃料，到餵養以修復細胞；從合成維他命B等營養素，到協助保護並發展免疫系統、阻擋危險的入侵者[4]。

目前已辨認出約一千種腸道細菌，但平均來說，在任何一個時間點，我們體內同時會有約一百六十種不同的細菌。不幸的是，隨著年齡漸長，很多人會因為服用抗生素、處方藥及不良的飲食習慣，失去這個有利的多樣性，造成一個失衡、或稱為「微生態失調」的微生物群系[5]。考慮到腸道細菌大部分都是益菌，而且我們已經跟它們一起進化了好幾千年（換句話說，就是我們需要它們！），這可不是什麼好消息。有些科學家甚至把微生物群系統稱為一個「被遺忘的器官」[6]。

如果你在讀這一節的時候想著：「等等，但我以為細菌是很危險的！免疫系統不就是要保護我們不受細菌侵擾嗎？」你並不孤單。近幾年，我們用抗菌肥皂、乾洗手，以及過度使用抗生素與抗微生物藥物，發起了一場對細菌的無差別攻擊。儘管這個群體是有些不太友善的傢伙——像是寄生蟲、特定的病毒，以及像是困難梭狀芽孢桿菌（Clostridium Difficile）這種有問題的細菌存在——但大部分的細菌都是有益的。**而腸道內好菌的多樣性，是控制住壞人行動的要素之一**。因此，當我們擾亂了微生物的平衡，就是把自己暴露在風險之中，讓那些投機的蟲子有機可趁、在該處作亂。

以細菌為師

兩歲的幼童一天多數時間都在學習基本的指令、簡單的字詞，以及如何從爬行學會走路。於此同時，他們也在策畫佈局自己的菌叢。人類剛出生的一千天，對於建立健康的菌叢而言是最為關鍵的[7]。我們出生的時候會獲得陰道菌叢與皮膚菌叢，而這些細菌就成為消化道的第一批居民。在成長的過程中，我們也會從食物、母乳的抗體，以及在泥巴中打滾、跟玩伴與寵物玩耍時接觸到的有機體來獲得新的微生物。這就是為什麼在幼兒期使用廣譜抗生素*，或過度使用抗微生物肥皂，可能會擾亂這件事，並提高日後出現像是過敏及自體免疫疾病等問題的風險。

當我們還是嬰兒時，免疫系統接納這些新的益菌，允許它們在腸道內落地生根，同時也不會引起發炎反應[8]。我們對於日常物質，像是花粉和花的免疫耐受度，有一部分就是這樣建立的。事實上，**若是缺乏這些細菌，我們便無法打造一套堅實的免疫系統**，這點在無菌老鼠的實驗中看得最清楚。這些老鼠在完全沒有任何腸道細菌的狀況下被養育出來，牠們身上僅找到很小且發展不全的淋巴結，輔助T細胞的數量及製造免疫球蛋白A的漿細胞數量也都比較少。基本上，缺乏友善的細菌，老鼠的免疫系統就會出現肉眼可見的異常。

別的研究也顯示，腸道中有種名為鬆脆桿菌（Bacteroides Fragilis）的細菌會改變免疫系統的發展。事情是這樣的：假設樹突細胞抓到這隻友善的細菌並送回淋巴結，然後被帶到輔助T細胞的面前[9]，這並不會造成發炎反應，而是會改變細胞激素及被製造出來的輔助T細胞類型，進而增加調節T細胞的數量。這會讓免疫系統得以獲得平衡與舒緩，同時減少造成過敏、氣喘及濕疹的元凶——Th2細胞的數量。這可能是為什麼在農場長大，或能夠大量接觸到多種不同細菌和真菌體的兒童，長大後比較不會出現氣喘的原因[10]。

居住在腸道裡的細菌，也是打造我們身體組織耐受度相當關鍵的一環。要記得，免疫系統必須有能力分辨好人和壞人、食物和毒素、受損的細胞及健康的細胞，我們才有辦法消化並吸收營養素，而不會

---

*抗菌範圍廣泛的抗生素。

對營養素啟動發炎反應，同時也把有害物質抵擋在外。友善的細菌是怎麼做到這一點的呢？所有的細菌都能透過「群聚感應」（Quorum Sensing）來跟彼此溝通，這種機制讓細菌可以傳遞訊息，立刻告知當下所處的環境，進而改變自己的基因表現，以回應所感應到的訊息[11]。腸道中的細菌會跟危險的病原體爭地盤，搶奪空間、食物、氧氣，甚至改變腸道內的酸鹼值，彷彿它們是要把空氣吸光，藉此逼病原體離開[12]。**與我們共生的友善天然細菌，可以操縱菌叢的環境以對抗感染原；**這項了不起的能力，也是發酵食物之所以對腸道健康如此有益的原因。比方說，乳酸桿菌就是人體內的關鍵益菌，同時也存在於優格、德國酸菜及市售益生菌當中。

如你所見，健康且多元的腸道菌叢，對於良好的長期健康至關重要。萬一菌叢被削弱——這種狀況已經變得越來越普遍——則會帶來完全相反的效果。

》》腸胃要告訴你的事

不幸的是，當事情出錯時，腸道細菌並不會發電報通知，但可以預期至少會出現一些腸胃蠕動的聲音、腹瀉、排氣或脹氣來提醒我們。有時確實是這樣，但更多時候，腸道菌叢會讓我們出現食物過敏、氣喘、自體免疫疾病或腦部病變，像是帕金森氏症或阿茲海默症[13 14]。那四種失衡的免疫表現，都可能因為腸道功能障礙而觸發。舉例而言，我們攝取的毒素可能會誘發發炎反應，造成悶燃型免疫表現；致病型細菌過度生長，可能會觸發自體免疫反應並出現偏誤型免疫表現；長期壓力可能帶來腸道免疫屏障的破損，及超敏型免疫表現；而健康菌叢受到損傷時，則可能引發虛弱型免疫表現。因此，當務之急就是修復健康且堅固的菌叢，與有效率的腸道相關淋巴組織（GALT）。

雖然這麼說，有時腸道的確會在出事的時候，用症狀來警告我們。發炎性腸道疾病（IBD）顯然就是這麼回事。這是一個總稱，用來指稱那些自體免疫消化疾病，包括克隆氏症及潰瘍性結腸炎。全世界有超過六百八十萬人受到此種疾病的影響，尤其是美國及北歐占比最高。雖然也存在遺傳易感性（Genetic Predisposition）*，但飲食及環境因素會改變微生物菌叢，並損害免疫系統功能，因此仍是誘發此類疾病的關鍵[15]。舉例而言，西式飲食中含有高比例的動物脂肪與反式脂肪，會促進腸道中有害的細菌內毒素及微生物失調，進而讓發炎增加[16]。克隆氏症患者身上有種特別討人厭的大腸桿菌——黏附侵入型大腸桿菌（AIEC）——被認為可能是觸發這種疾病的主因[17]。像這樣的病原體可能會誘發TH17細胞的出現，讓腸道發炎增加，並且也跟多種自體免疫疾病有關（在發炎性腸道疾病患者身上，經常可以在潰瘍的區塊發現大量的TH17細胞）[18]。

現在你理解這些了，那麼，腸道細菌失衡也會促發其他的自體免疫性疾病，就不是什麼值得大驚小怪的事了。類風濕性關節炎與普雷沃氏菌屬（Prevotella）數量的增加有關[19]，這也會提高感染人類疱

---

*指個體因遺傳結構不同，在環境條件的影響下呈現易罹患某種疾病的傾向。

疹病毒第四型（EB病毒）的機率。**但會觸發自體免疫疾病的不只有這些壞蟲，失去身為「腸道守衛者」的健康菌群也會觸發相關疾病。**已經發現克隆氏症患者及主要患者是年輕男性的僵直性脊椎炎[20]，體內一種名為普拉梭菌（Faecalibacterium Prausnitzii）的保護型細菌數量是很低的。乾蘚患者體內則是可以觀察到菌叢多樣性降低，而且Akk菌（Akkermansia）及瘤胃球菌（Ruminococcus）濃度偏低[21]。整體而言，**腸道菌叢亂掉的話，顯然會導致自體免疫疾病發生，因為病原體所激發的發炎反應會增加，而且具有保護功能的菌種不足。**

腸道菌叢也對像是心血管疾病[22]及糖尿病[23]等重大疾病具有非常大的影響力。最近幾年，我們得知了一種名為氧化三甲胺（TMAO）的化合物，會降低身體排除膽固醇的速度，並增加血管中的動脈粥狀硬塊，導致多種這方面的疾病。事實上，研究發現高濃度的氧化三甲胺是短期及長期重大心臟事件的獨立預測因子[24]。結果顯示，吃肉的人體內會產生較多的氧化三甲胺。當他們的菌叢在分解肉類及蛋類中一種叫做膽鹼的物質時，會在肝臟中將其轉化為氧化三甲胺。你可能聽過，如果飲食中動物性產品高的話，容易導致心臟疾病。而研究則表示，動物性產品中的蛋白質會導致菌叢的改變，並讓氧化三甲胺過多，這或許可以解釋這之間的關聯性。事實上，如果去觀察純素者、蛋奶素食者及肉食者的菌叢組成，他們腸道中的微生物足跡看起來會完全不同。

沒錯，氧化三甲胺不好，但並不表示你必須完全捨棄肉類。

100%植物性的飲食也不保證腸胃健康快樂，請繼續讀下去。

》》》腸漏症與你的免疫系統

「腸漏症」這個詞在近十年經常出現。Google檢索「腸漏症」有一條結果的點擊次數高達八百一十二萬次。令人驚訝的是，即便大量的證據顯示這是一個真正的問題，也是許多疾病的核心，但很多傳統的醫生依然對這個概念不屑一顧。「腸漏症」並非是正式的醫學術語，但基本上就是指你的**腸道通透性增加了**（這也真繞口），所以說，腸漏症是什麼？又是怎麼發生的呢？

很多東西都會提高腸道滲透性，像是酒精、毒素、藥物、壓力、腸道感染、輻射、微生物菌叢失衡，甚至有些食物也會——任何可能擾亂保護性微生菌叢、導致發炎、損傷腸道及血流之間，由「緊密連結」所控制的脆弱黏液屏障。當這些緊密連結的通透性提高時，就會讓部分消化後的食物分子、微生物及化學物質偷偷混進腸道相關淋巴組織及血流中。當這種狀況發生時，免疫系統就得要對付這些「漏出的」外來物質，而這個受到密切控制的系統就會故障，觸發細胞激素的活動及免疫反應去對抗食物、甚至「自體蛋白質」，而這可能會引發自體免疫疾病的循環。

亞利西歐・法莎諾博士（Dr. Alessio Fasano）是乳糜瀉的知名研究者，也是腸道屏障的專家。他說明，當這種緊密的連結出現斷點，是與「解連蛋白」（Zonulin）有關[25]。解連蛋白由腸道細胞分泌，作為對應如沙門氏菌等細菌，但也會對小麥中的蛋白（也就是麩質）產生反應。你可以把它想成是消化道之緊密連結的守門人，會視需要打開及關閉這些連結。當解連蛋白濃度很高的時候，連結就會是打開的狀態，導致高度的腸道通透性[26]。解連蛋白的上升是乳糜瀉的特徵，但同樣的現象也會出現在非乳糜瀉麩質敏感症病患身上[27]。當你有腸漏症時，就會對所有從腸道屏障外洩的物質啟動一個巨大的免疫活動循環，造成重大發炎現象，並導致許多疾病發生。事實上，**解連蛋白的上升，以及其所導致的腸漏症，跟許多疾病都有關，像是第一型糖尿病、多發性硬化及氣喘**。將腸道菌叢失衡與疾病連結起來的就是腸漏症，如果想逃脫這個循環，就需要集中消除導致腸道菌叢失衡的原因，翻轉並治癒腸漏症。

應該去檢測自己的微生物菌叢嗎？

坊間雖然有很多能夠直接取得的測試，可以幫助你檢測微生物群系，並知道自己的腸道是否健康，但準確度卻是參差不齊。最好還是找受過正統訓練、有解讀檢驗結果及協助病人治癒腸道問題經驗的醫療執業人員。但是，如果你有興趣在家採集自己的大便（對，這不幸地也是流程的一部分），並且很好奇自己會發現什麼，那麼，你有幾家公司可以選擇，像是Viome、BIOHM或Thryve。只需要事先保持警惕，除了瞭解這些檢測有其限制，還包括了拿到報告時，常會被慫恿去購買相應的營養補充劑和益生菌。

腸道健康的首要破壞者

當我跟病患提起腸道健康這個主題時，不乏會聽到這類回應：「但我是來看免疫問題的！我的消化很正常。」然而要記得，雖然你可能沒有那些經典的消化道症狀，像是肚子痛、腹瀉或脹氣，腸道可能還是有問題。事實上，**有些症狀像是起疹子、關節炎、憂鬱症及腦霧，都可能是腸道失衡的徵兆**。當更仔細地去檢視腸道健康時，很多人對於發現自己腸道功能異常都覺得不可思議。為了要找出腸道對於免疫系統失衡究竟造成了多大的影響，請問問自己是否符合以下幾點的狀況：

- **經常或長期使用抗生素：**即使你已經多年沒用抗生素了，不要忘記小時候得過的慢性耳部感染、青春期為了治療青春痘所吃的抗生素，或多年下來各種尿道感染、鼻竇炎、支氣管炎、鏈球菌咽喉炎。很不幸的，這些抗生素治療都會導致好菌嚴重耗損，讓壞菌變得過多。困難梭狀芽孢桿菌的感染，最主要的導因其實就是廣譜抗生素讓腸道變得容易受到細菌入侵[28]，而這種疾病每年會導致數千人死亡。再來說一件很嚇人的事：根據美國疾病管制與預防中心的說法，抗生素中至少有30%完全是多餘的（要我說，實際數字更可能是50%或60%）。在處方箋中濫用抗生素是個很大的問題——腸道及免疫系統最終成了要付出代價的一方。
- **旅行水土不服或食物中毒：**我們只要在任何時候感染了致病性的細菌、病毒或寄生蟲，都不僅會導致發炎，還會造成腸道失衡。像是志賀氏桿菌（Shigella）、沙門氏菌及彎曲桿菌（Campylobacter）（三種旅行中非常普遍的腸道感染）。而這些細菌感染可能會帶來嚴重的腸胃蠕動問題，以及持續數月、數年，甚至是長期的腸躁症。它們也是自體免疫問題的誘因[29]。
- **長期的壓力：**上一章談過皮質醇是如何讓腸道—免疫屏障變弱。感覺孤單、憂鬱或承受壓力時，會降低B細胞所製造的免疫球蛋白A抗體的數量，並直接對黏膜免疫系統產生影響。請記住，免疫球蛋白A遍布在腸道之中，是面對入侵者的第一道防線，因此，如果你時常處在壓力狀態下，或時常感覺力不從心，請特別留意第6章所提供的建議。

- **缺乏纖維質：**雖然很多人執著於自己的脂肪—碳水—蛋白質攝取比例，但還是有95%的人其實都沒有攝取足夠的纖維質[30]！有鑑於高纖飲食與減少肥胖、癌症及慢性病相關，纖維質不足所帶來的後果是相當嚴重的。纖維對於腸道相關淋巴組織（GALT）來說很重要，因為植物性飲食中的纖維及抗性澱粉，會讓我們友善的腸道細菌欣欣向榮[31]。纖維基本上為腸道內細菌的食物，因此，你經常會聽到其被稱做「益生質」。細菌會將纖維分解並發酵，製造出一種很厲害的物質，叫做丁酸鹽（Butyrate）。這種物質就像是細胞的超級燃料，給予它們很多能量並引發自體吞噬（記住，我們希望這種效應越多越好）。研究指出丁酸鹽有助於預防大腸癌[32]，也會降低腸道的酸鹼值，打造出對像是致病性大腸桿菌等特定菌種來說，比較不易生存的環境。
- **嘉磷塞殘留的食物／基因改良（GMO）食品：**Roundup（臺灣俗稱「年年春」）是全世界最常用的除草劑，也會用在基因改良作物上。其中的活性成分嘉磷塞（Glyphosate）已被發現會擾亂實驗室動物身上的微生物菌叢，因而我們推斷此物質對於人體內的微生物菌叢，也會帶來同樣的影響[33]。要避免嘉磷塞最好的方法，就是盡可能避免基因改良食品。常見受到嘉磷塞汙染的食物有玉米、燕麥、芥花油、大豆，以及馬鈴薯。

評估以上這幾點可以讓你有個概念，知道自己微生物菌叢失調的風險因子有哪些，以及腸道健康可能會落在光譜的哪個位置。還有另一個我會考慮的因素，就是你的酒精攝取量，這也可能會對小腸內的黏膜層及肌肉壁帶來傷害，讓毒素能夠輕易進入血液中。酒精也會殺死細菌，這用來清潔手部是很不錯，但對於微生物菌叢來說就不是件好事了。除此之外，也要仔細想想你多常服用像是布洛芬這種非類固醇消炎止痛藥，雖然這些是不需要處方箋的成藥，但如果太頻繁地服用，還是可能會傷害消化道，甚至導致潰瘍。

》》讓腸道相關淋巴組織復活的工具包

對於想要治癒自己腸道的人，我的第一建議是三十天的食物排除療法，以剔除對腸胃不好的常見食物。這真的就是針對食物敏感及不耐症的黃金準則，因為標準的食物過敏檢測只測得出你對哪些食物會出現免疫蛋白，或過敏性休克反應。很多人的食物不耐是表現在消化困難上，像是乳糖不耐；或也可能會因為他們本身對該食物具有免疫球蛋白G抗體，因而對這些食物敏感。這種通常會出現比較溫和的症狀，而且可能會延遲數小時、甚至數天才出現，因此極難精準指出哪些是有問題的食物。

雖然有一些檢測是針對以免疫球蛋白G為基礎的食物敏感，但是準確度參差不齊，而且還所費不貲，保險也不給付。如果你有機會讓有能力判讀結果的醫療人員替你進行這類檢驗，那很好，但我建議先跟營養師或整合醫療從業人員合作，進行食物排除療法。

如果你要自己來，建議你剔除那些我認為對多數人來說，最易造成敏感的東西——小麥、大豆、奶製品、蛋及玉米。在最開始的三十天，你也可以試著排除任何有添加糖、具有咖啡因或酒精的食物。多數人將這些東西從日常飲食刪除後，都會發現症狀有了重大的變化，而那些看似無關的症狀，像是皮疹、關節痛及頭痛都驚人地消失了。接著，再把這些食物重新放入飲食中，一次一種，至少等待四十八小時，確定症狀沒有再度出現。我的病患通常就是在這時注意到哪些食物是誘因，會造成胃酸逆流或腸胃疾病，於是，他們就可以繼續攝取其他所有的食物，不必非得排除那些沒問題的。關於更多食物排除療法的細節資訊，請見第10章。

除了食物排除療法外，下列的小技巧能讓你治癒腸道失衡的問題和腸漏症。接著，微生物群系就會開始替你做事，而不是扯後腿了。

■ 食用更多植物

我們知道以植物為基礎的多樣化飲食，是良好腸道健康的關鍵。這並不代表你不應該享用任何動物性的食物，但微生物菌叢每天都需要豆類、無麩質全穀、蔬菜及水果中的纖維質，才能維持健康。這種飲食也會提高大腸內治癒腸道的丁酸鹽數量。如果你是女性，目標是每日至少攝取二十五公克的纖維質，男性則是每日三十八克。你也可以在沙拉及果昔中放入種子或堅果，以增加更多的纖維質。

■ 在飲食中加入發酵食物

發酵是不用冰箱的狀況下保存食物的方法，已經行之有年，人類也因此一整年都吃得到水果和蔬菜。我們的祖先還真的做了件正確的事，因為蔬果、穀物及牛奶的發酵，能提供對人體有益的活體益生菌，像是乳酸桿菌及雙歧桿菌，它們會幫助腸道重回平衡。發酵食物也比較容易消化、能降低血壓，並且內含有益的抗氧化物質。大量研究都顯示，自然生長的益生菌可以製造出抗微生物物質，抑制病原體的生長[35]。乳酸桿菌可改善腸道屏障的整合，因此有助於提升預防自體免疫疾病，以及過敏所需的免疫耐受度。

然而，在你大量採購桃子口味的優格之前，要知道有許多「益生菌」類的食品，像是傳統的優格，其實都沒有活菌在裡面，只有滿滿的糖。比起這種食品，你應該要去試試發酵的蔬菜，像是生的德國酸菜或韓式辣泡菜——即便只是一天一湯匙的量都會有幫助！食用發酵蔬菜的另一個好處是，作為益生質的纖維也已經在裡面了，簡直一舉兩得。

■ 服用益生菌營養品

如果每天食用發酵食品，對你而言並非是個實際的做法，那益生菌就是相當不錯的選項。然而，益生菌的品質良莠不齊，一定要找瓶身上有〈藥品優良製造規範〉（GMP）標章的產品，可以保障你買到名實相符的產品。此外，也應該要在瓶身上列出所有菌種，以及各有幾個菌落形成單位（CFU）*。而且除非有其他的說明，不然，益生菌都應該要冷藏保存，以確保活性。大部分益生菌營養品都會包含多種雙歧桿菌及乳酸桿菌，這些是人類微生物菌叢中原生的菌種。我會建議試著攝取至少八種不同的菌種，並且量至少要達到三百個菌落形成單位。根據個人消化道的需求，攝取的劑量也許還要再更大，但這是很好的開始。益生菌的數量越多、品質越好，就會越貴，真的就是一分錢一分貨。

我希望這個章節能夠說服你，讓你認知到腸道菌叢是免疫系統中非常關鍵的一部分。不幸的是，現代生活的習慣讓腸道健康備受考驗，而我們也容易出現失衡及腸漏症，使免疫系統偏離正軌。但好消息是，只需要在生活中做出幾個小小的改變，就可以對腸道健康帶來大大的不同。

---

* Colony-forming Unit，計算細菌數量的一種方式。將細菌樣本塗抹在培養皿上，等細菌菌落生成後，再計算共形成多少菌落。一個菌落為 1 CFU。

Chapter

08

毒素：讓免疫系統分身乏術的終極角色

你的基因並不代表這輩子的命運，對某些先天不良的人來說，這是件好事。當然，你的DNA是從父母那邊繼承來的，但在一生當中，這些基因會有什麼樣的表現，則跟所處的「環境」比較有關。這本書已經談過幾次這個主題了，但身為人類，究竟是什麼決定了我們的環境呢？我指的不單單只是生活在怎樣的天氣或氣候之下，**而是睡眠、壓力、吃進體內的食物，以及最重要的，身體每天接觸到的物質**。試想一下：我們的基因是身體的素材，而環境則是經年累月下來，身體所接觸到各種東西的總和，不管是呼吸的空氣品質、吃的藥所含的化學物質、抹在身上的乳液，或是飲用的水都包含在內。

所以，環境跟免疫系統有什麼關係呢？我們時常誤會免疫系統只能用來對抗感染，但事實上，它也有抵擋各種外來物質的功能——包括毒素。「毒素」這個詞在保健領域經常出現，因此請先讓我快速說明一下：

- **重金屬**：像是在舊款的油漆裡會有的鉛，或某些海鮮裡含有的水銀。
- **環境雌激素**：也就是類雌激素（一種女性荷爾蒙）的化學物質，會在特定產品和食物中出現。
- **殺蟲劑和除草劑**：通常用在非有機農作上。
- **塑膠**：含有像是雙酚A（BPA）這類化學物質，可能會從塑膠中溶出，並流入體內。
- **鄰苯二甲酸酯（Phthalates，PAEs）及對羥基苯甲酸酯（Paraben）**：在很多化妝品及個人護理用品中都有。
- **處方藥**：含有多種外來物質，對身體來說可能會是需要代謝掉的毒素。
- **阻燃劑**：床墊、傢俱、窗簾以及一些布料中，會有這種化學物質。

想想你有多常使用塑膠、吃非有機的食物、塗抹口紅與乳液、吃藥、喝自來水，或接觸到上述任何一項物品——一天中可能很多次，對吧？嗯，**每次跟毒素些微的接觸，都像是免疫系統必須努力撲滅一小把火**。

知道這點之後，就不會驚訝為何毒素在造成免疫表現型中扮演這麼重要的角色了。它們可能會抑制免疫，並觸發自體免疫疾病、過敏及發炎。一切在你出生前就開始了，而且終其一生都會是免疫問題的原因之一，因為環境會改變，可能變好也會變壞。2004年一份知名的研究發現，新生兒的臍帶血中有兩百八十七種化學物質，其中有一百八十種已知是對人類及動物的致癌物；兩百一十七種視神經毒素；兩百零八種物質則會導致先天性缺陷[1]。因此，我們在出生前就已經接觸到免疫系統需要處理的化學物質了。

隨著年歲漸長，狀況更是每況愈下。**成年後有太多的疾病根源，都來自兒時接觸到的化學物質及毒素**，因為它們會讓平衡的免疫系統變成悶燃型、偏誤型、超敏型或虛弱型的四種表現。部分是因為免疫系統在我們小時候依然處於發展中的狀態，因此對化學物質特別敏感[2]。但是即便已經成年，化學物質依然會對免疫系統帶來重大的衝擊。

化學物質如何對免疫系統造成傷害

事實上，我們每天都會從空氣中吸入、從飲食中攝取，或是藉由肌膚接觸到毒素。這就是居住在地球的現實。毒素如何在細胞的層面上對免疫系統產生影響，目前仍然還在研究中，但已經有了下列這些發現：

- 毒素會對免疫細胞造成直接的損害，並弱化T細胞的反應、巨噬細胞的活動力、自然殺手細胞的反應及抗體的製造能力[3]。
- 短期接觸香菸的煙，會讓巨噬細胞對於細胞激素的反應變弱，基本上就等於是細胞激素的效果減弱[4]。
- 毒素會讓一個名叫芳香烴受體（AHR）的東西活化，並造成很多問題。這種受體會觸發位於我們肝臟解毒路徑上調節酵素的基因，導致肝臟受損、DNA變異、免疫抑制、胎兒先天缺陷，甚至是腫瘤[5]。

- 各式各樣的物品裡都含有鄰苯二甲酸酯，從洗髮精到讓嬰兒可以咬的柔軟玩具，以及PVC塑膠地板。已經發現這種物質跟兒童健康問題，例如喘鳴及發炎有關[6]。
- 擾亂荷爾蒙的化學物質，有時候也被稱為「肥胖因子」，會促成脂肪細胞的生長，而這是新陳代謝症候群的成因之一[7]。
- 類風濕性關節炎及紅斑性狼瘡這類自體免疫疾病，與接觸到殺蟲劑、水銀、鉛、雙酚A、化學溶劑及特定的藥物有關[8]。
- 已發現自體免疫疾病——例如原發性膽汁性膽管炎（PBC）及紅斑性狼瘡——較好發於使用指甲油與染髮劑的女性身上[9]。

言已至此，我希望已經說服你，**毒素的確對各種免疫功能異常有著重大影響，包含在四種免疫表現型中所出現的症狀**，請務必要留意這一點。過去數十年間，世界上毒素的量快速增長，日常生活中幾乎所有東西都是化學合成的。僅僅在1970到1995年之間，化學合成製品的數量就翻了三倍，從每年五千萬噸來到了一點五億噸。而時至今日，這個數字還更高。美國國家環境保護局（EPA）甚至不知道現在到底有多少化學物質存在，他們的資料上列有約八萬五千種，但市場上實際使用的究竟有多少，他們其實也不清楚。很嚇人吧！

美國毒性物質控制法（TSCA）理論上應該要保護我們免於化學物質的傷害，但此法案並不是萬無一失的防彈衣。它基本上就是提出這個問題：某種化學物質是否具有「不合理的風險」，以及是否會對健康造成傷害？但怎樣才算是「不合理的風險」則相當曖昧。這個法案並沒有言明某些物質是否安全，也沒有太多監管約束。雖然在2016年已被修訂，但在施行的四十幾年以來，美國僅僅禁用了九種化學物質，而六萬種在1976年前就被發明出來的化學物質，則不必進行安全測試。也就是說，有許多不受管制的化學物質正到處流竄。

五大惡徒——免疫系統中的頭號罪犯

讀到目前為止，你可能會感到灰心、沮喪或絕望。在剛開始瞭解環境毒素的時候，的確會感覺它們無所不在，而我們永遠不可能徹底避開這些物質。如果你這樣想，那你是對的。按照現代生活習慣的方式，以及對化學物品的管制方式，人們無法徹底避免接觸到毒素。但好消息是仍有一些餘地：**免疫系統原本就有能力處理與些許毒素的接觸，而不會讓身體徹底崩壞**。我們的目標是在控制範圍內減少接觸，並協助身體完成剩下的工作。

首先，來談談最令人髮指的幾種毒素，以及它們出沒的地方。我們就可以採取行動，盡可能地避開。

- **全氟／多氟烷基物質（PFAs）**：這群有毒的氟化物名為含氟表面活性劑，自1940年代就存在了。這種物質在許多產業中皆有使用，像是個人清潔保養產品、食品包裝及布料。它們常被稱為「永久性化學物質」，並不會因為時間久了而分解，還會在體內堆積，進而造成永久性的問題。全氟／多氟烷基物質會造成免疫系統受損，研究也顯示其會降低像是破傷風及白喉疫苗等的效力[10]。此外，與癌症、荷爾蒙紊亂和新生兒體重低下亦有關[11]。你可以在用來盛裝速食的銅版紙、紙盒，以及微波爆米花的袋子中找到這種物質。它們也存在於聚四氟乙烯（PTFE）——又名鐵氟龍——還有不沾鍋與其他餐廚用品的不沾黏塗層之中。Scotchgrad*、Stainmaster*、Gore-Tex*等知名品牌，以及有抗汙或防水標示的衣物、抗髒汙的織品與地毯中，通常也都含有全氟／多氟烷基物質。

由於它們無處不在，而且直到2006年，美國國家環境保護局才指出其為危險物質，因此這種物質經常汙染地下水源。電影《黑水風暴》（*Dark Waters*）的故事就來自位於西維吉尼亞州的原告及杜邦公司之間的官司，後者曾將鐵氟龍製品中的化學物質全氟辛酸（PFOA）違法棄置，最後汙染了整個社區與當地的牲畜。因為自來水並未經過處理或過濾，全氟／多氟烷基物質也會出現在其中[12]。事實上，估計99%的美國人血液中都有這種物質。雖然所有人都應該避開它們，但具有超敏型或虛弱型免疫表現的人，特別需要注意。

- **內分泌干擾物：**有一組無所不在的化學物質，包含雙酚A、鄰苯二甲酸酯及對羥基苯甲酸酯，長年被使用在盛裝食物的容器、水瓶、運動器材與其他家用品上，以及食物罐頭的內

---

* 3M 旗下的品牌，主要產品為防水噴霧。
* 美國知名地毯品牌。
* 防水衣物品牌。

裡，以防止罐頭的金屬跟食物產生化學反應。另外，也曾用在嬰兒奶瓶上，一直到其被證實有類雌激素的效果，而且會影響兒童的性發展，才停止使用。不過，雙酚A也會干擾成人的荷爾蒙系統，目前更是沒有被禁止加入塑膠製品中。有些研究根據雙酚A增加Th17細胞數量的效果，認為它跟自體免疫疾病發展有關。因此，對於具有偏誤型免疫表現的人來說，不使用塑膠製品尤為重要[13]。

另一方面，鄰苯二甲酸酯的功能是讓塑膠變得更有彈性。其存在於乳液、洗髮精、食品包裝、藥品、化妝品、點滴的軟管及地板中，真的是無處不在。尿液中鄰苯二甲酸酯濃度較高的孩童，更容易出現過敏與氣喘，家中有PVC塑膠地板的孩童也是[14 15]。鄰苯二甲酸酯會干擾細胞激素的訊號傳遞及抗體的製造，特別會弱化我們抵抗感染的能力[16]。如果這還不夠，更有證據指出鄰苯二甲酸酯可能會提高出現狼瘡與其他自體免疫疾病的風險。

而對羥基苯甲酸酯則是一種隨處可見的化學物質，被用在各式各樣的食品、化妝品及個人清潔用品上，目的是預防細菌與黴菌增生。由於它有類雌激素的效果，這種物質會提高罹患乳癌的機率[17]。體內高濃度的對羥基苯甲酸酯，也會增加出現食物過敏、濕疹及氣喘的風險。因此，具有超敏型免疫表現的人應該謹慎地避開這類物質[18]。

- **有機磷類殺蟲劑：**有機磷類殺蟲劑（OPs）是一組具有高毒性的殺蟲劑，剛好也是農作、居家園藝、室內害蟲管理上最常使用的一種殺蟲劑，也存在於傢俱和布料的阻燃劑中。說真的，儘管有幾種殺蟲劑因為毒性已經被禁止使用，但仍有三十六種在美國依然被允許。最近的研究也發現，蔬果上有十三種這類物質的殘留[19]。接觸到殺蟲劑會導致細菌對抗生素產生抗性，造成所謂的超級細菌，非常難以殺死[20]。眾所皆知，長期接觸殺蟲劑會提高罹患肺癌、前列腺癌、淋巴癌及白血病等癌症的風險[21]；也會導致腦部這類組織中的氧化壓力提高，讓發炎加劇，這也是為什麼殺蟲劑的接觸跟帕金森氏症有關[22]。殺蟲劑對於免疫系統所造成的影響，還包括B型和T型淋巴球、自然殺手細胞及巨噬細胞等免疫細胞的死亡[23]。

- **重金屬：**我們都記得2014年發生在密西根佛林特鎮的那場悲劇：高濃度的鉛汙染了水源。但其實每個人都會因為水源、土壤、住家環境、牙醫用的銀粉填充劑，甚至是我們所吃的食物，而少量接觸各種重金屬。如果你住在油漆斑駁的老房子裡，而且很愛吃生魚片壽司，那你體內的含鉛量及含汞量，有相當大的機率是很高的。人的一生中，這些東西會默默累積並導致疾病。舉例而言，砷和鉛都跟免疫抑制、感染的增加及罹癌風險提高有關[24][25]。汞則可能會跟細胞結合、改變細胞結構，並且誘發免疫耐受度喪失，進而引發自體免疫疾病[26]。具有偏誤型免疫表現的人要非常小心，避免從水和食物中接觸到有毒的金屬。
- **甲醛（Formaldehyde）：**這種毒素幾乎到處都是，存在於傢俱塑合板、強化地板及廚房碗櫃中，是一種揮發性有機物

（VOC），會從傢俱的軟墊、布簾與像是膠水、油漆等家用品揮發出氣體。如果你具有超敏型免疫表現，那麼，避免接觸甲醛就特別重要，因為目前已知甲醛會觸發免疫細胞趨向Th2主宰，便容易導致氣喘、疹子和過敏反應[27]。同時甲醛也是知名的致癌物。

如你所見，化學物質基本上就潛伏在家裡、美容療程、水、空氣與清潔用品櫃等各個角落。不過也別洩氣，還是存有一線希望的。只要集中注意上述五種擾亂免疫的主要物質——特別是會直接導致你免疫表現型的那些——就能夠更聰明地減少自己接觸到的化學物質。在漫長的人生中，任何一點一滴減少體內負擔的努力都算數。因此，我們就接著來聊聊……

維護並為天生的解毒系統提供後援

即便採取上述行動，避開五大惡徒的化學物質、向著減少毒素的生活前進，我們還是需要馬不停蹄地對各種化學物質、藥物、荷爾蒙、毒素、食物及微生物進行解毒。血液、脂肪和其他組織中的毒素越多，發炎及氧化壓力就會越嚴重。因此，我們應該要維護並支援身體快速又有效率解毒的能力。你可能開始擔心我會要求做果汁淨化、咖啡排毒或喝水禁食療法，但其實**支援身體天生的解毒路徑，是你可以每天幾乎毫不費力進行的事，而不需要任何激烈的「排毒」手段。**

所以要怎麼做呢？是這樣的，肝臟的解毒分成兩個階段，各自有著數個由遺傳控制的酵素路徑。第一個階段，也叫做「細胞色素

P450」，會把脂溶性的毒素分解，並在肝臟內先製造出比較不安定的自由基。但在第二個階段，又名「生物轉化」，則是會把在第一階段中發現的毒素轉化成水溶性的型態，讓其可以隨著排泄物排出體外。因此，雖然有各式各樣令人起疑的「排毒」建議——像是卡宴辣椒檸檬汁排毒法、綠果汁排毒法、蘋果醋排毒法及離子足浴排毒法——**但你真正需要的其實是對的維他命和礦物質**，對於進行解毒的酵素而言，它們具有輔因（Cofactor）*的作用，會讓整個過程以穩定的步調進行。

下列是根據研究顯示，對於最初第一階段和第二階段的酵素具有正調控功能的物質[28]：

- 薑黃素（來自薑黃）。
- 二吲哚甲烷（Diindolylmethane）：來自十字花科蔬菜（高麗菜、白花椰菜、孢子甘藍、水田芥和綠花椰菜）。
- 槲皮素（Quercetin）：來自蘋果、洋蔥、草莓、杏桃及許多其他水果。
- 表沒食子兒茶素沒食子酸酯（Epigallocatechin gallate，EGCG）：來自綠茶及紅茶。
- 白藜蘆醇（Resveratrol）：來自葡萄和紅酒。
- 迷迭香。

＊能夠催化酵素反應的非蛋白質分子。

- 菊苣及蒲公英。
- 南非國寶茶。

光是定期食用這些全食物*與食材，就等於讓你時時在進行「排毒」了。

雖然全食物一定是提高我們自然解毒能力的最佳來源，但倘若你體內有著高濃度的毒素或基因問題（也稱為單核苷酸多態性，SNP），並對解毒能力帶來負面影響，那以下這些營養補充品可能會有幫助：

- **乙醯半胱胺酸（NAC）**：這個天然的含硫物源自於半胱胺酸這種胺基酸，是絕佳的自由基清道夫，也是很棒的抗氧化物。它在肺部的薄黏液中非常活躍，因此有助於對抗特定肺部疾病。研究也發現，在像是愛滋病毒（HIV）這種免疫不全疾病中，乙醯半胱胺酸可以強化T細胞的成長與機能，同時也會增加自然殺手細胞的數量[29]。這個天然的物質存在於雞肉、火雞肉、優格、起司、雞蛋、葵花籽及豆莢當中，能夠補充體內的麩胱甘肽，我們接著就來介紹。
- **麩胱甘肽（Glutathione）**：麩胱甘肽經常被稱為「抗氧化物之王」，因為它具有保護抗氧化物、凝結重金屬和喜愛脂肪的毒物、提高體內其他抗氧物數量，以及避免細胞死亡的能力。它是個臭臭的分子，由硫及另外三種胺基酸所組成，我們在肺部會一直合成這種化合物。體內毒素濃度高的人，麩胱甘肽也會流失得很快，如果沒有快速補充，就會讓身體容易受到自由基的傷害。因為這種物質存在於肺部，麩胱甘肽低下跟造成新冠肺炎的重症案例也有關[30]。一些研究建議，使用麩胱甘肽及前面提到的乙醯半胱胺酸，可作為新冠肺炎的療法。除了留意盡量將體內毒素降低，你也可以食用那些提高麩胱甘肽含量的食物，比如說硫含量豐富的蔬菜，像是洋蔥、大蒜及韭蔥，還有十字花科蔬果的高麗菜、羽衣甘藍、水田芥、綠葉甘藍和綠花椰菜。如果對乳製品不會敏感的人，高品質的乳清蛋白也會提高麩胱甘肽的數量。

- **螯合物（Chelators）**：有些食物及營養素會跟那些危險且對免疫有害的重金屬，像是汞、鎘和鉛等兩相結合，稱為「螯合」。這些螯合物可以拔除重金屬，並送到腎臟或肝臟，接著扔到膽汁中，隨著腸道內的糞便一同排出體外。要促成這種反應，最佳的方法就是每天大量食用各種可溶性及不可溶的纖維質。像是柑橘果膠、菊苣纖維、燕麥纖維、麩皮和洋車前子等物質，都可以在腸道內與毒素結合，進而提升毒素的排除效率[31]。研究發現，藍綠藻亦能降低汞和鉛等有毒物質的濃度。也有研究指出，活性碳和沸石粉可以有效結合毒素[32][33][34]。

＊未被加工精製過的天然、完整的食物。

要徹底杜絕毒素是不可能的，但使用先前談到的天然飲食療法，再加上接下來會介紹的一些輔助肝臟的營養品，就能夠對免疫系統起到相當程度的保護作用——不論你具有哪種免疫表現型都有效。

你的排毒工具包

對免疫系統有害的毒素，潛伏在房屋及公寓的各個角落，這是個殘酷的事實。儘管如此，要減少對毒素的接觸，並不表示你需要花大把的錢去建造一幢新的、毫無化學物質的房子，然後把所有的物品都丟掉；也不代表你需要開始用蘋果醋洗頭，或抹甜菜汁當口紅。就在大約十年前，「去化學物質」指的是在生活方式上做出重大的改變，犧牲掉這些全部的東西，也讓人處在正規社會的邊緣。但是現在，**有很多不含化學物質的美容產品、清潔用品和居家品牌，使得採用無毒的生活方式，比你想像中容易許多。**

在這一章的工具包裡，我放入了幾個簡單的行動，讓你不必花費大把金錢或時間，就可以對環境做出排毒。事實上，一週內就可以完成列表上所有的事情。保證你會一試成主顧，再也不想回頭。

■ 過濾你的水

有鑒於大部分公家的供水系統不會、也無法對所有化學物質進行檢測，多數人可能都在持續攝入對免疫系統有害的化學物質、別人沖進馬桶的藥物殘留、微生物，或因為飲用自來水而吃進含鉛水管所釋出的鉛。我的建議是你自己動手處理這個問題，方法就是過濾飲用水。然而，在你出門隨便購買一臺濾水器之前，應該要先瞭解並非所有的濾水器都一樣。活性碳濾水器，比方說常年熱銷的Brita系統，可以濾掉大部分的重金屬，但其他的毒素則無法過濾得那麼乾淨。可以的話，我會建議你投資一臺比較好的桌上型濾水系統，像是Berkey濾水器；或水槽型逆滲透濾水器，例如Aquasana的濾水器，以排除更多毒素。如果你有預算，可以打造全屋型的濾水系統，這樣一來，你就有乾淨的水可以喝，還能用來洗澡。這邊有五種濾水器的選擇，針對五種不同的預算等級，從最划算的到最貴的分別是：

- ZeroWater：濾水壺。
- Berkey：桌上型濾水系統。
- Aquasana：水槽型濾水系統。
- Aquasana：全屋濾水系統。

■ 開始培養你的園藝手藝

說到「空氣汙染」這個詞，多數人的腦海會立刻浮現這樣的景象：工廠排出大量的灰煙，或塞車時汽車排出的氣體。但你知道嗎？**室內的空氣品質，通常都比室外還差**。因為現代的房屋都密封得緊緊的，缺少空氣的流通，也讓毒素停留在室內。剛得知這一點，可能讓人感到洩氣，但有一個能夠減少在屋內接觸毒素的巨大機會。說出來你可能不信，只要在室內放置一些便宜的植物，就能夠大大改善空氣品質，而且室內植物也正在流行。

1998年，美國太空總署發表了一篇研究，主題是植物可以去除空氣中的苯、甲醛、三氯乙烯、氨、甲苯（白鶴芋、菊花、香龍血樹及棕櫚的得分最高）。另一種淨化空氣的方法，是在臥室及你待最久的幾個房間內，使用具有高效空氣微粒過濾（HEPA）濾網的空氣清淨系統。這種濾網可有效阻擋小至0.03微米的微粒，並會去除花粉、動物皮屑、黴菌孢子，和可能會引發過敏及皮膚搔癢不適的灰塵。具有HEPA濾網的空氣清淨機品牌有Coway、Blueair、Austin Air以及Molekule。有些機型還可以過濾掉揮發性有機物（VOC），也就是從家用品及像是油漆、芳香劑、傢俱、地板、清潔用品等產品中所釋出的氣體。這些都是已知的刺激性物質，而且其中有些——像是甲醛——還跟癌症有關。沒有任何一臺空氣清淨機可以排除所有的化學物質，所以購買時要徹底閱讀產品資訊，包括那些小字。專家的建議是，**要確定你選的空氣清淨機足以應付使用的空間大小**，否則是不會有效的。

■ 翻新你的妝容

這點聽起來可能是個壞消息，但在保養品及化妝品中的化學物質面前，我們可說是處於任其宰割的狀態。化妝品公司可以在他們的產品中使用任何原料，不需要經過安全檢測，也不用獲得任何許可。由於男性和女性都會在皮膚上使用大量的美容產品，**而皮膚是身體吸收力最強的地方，因此我們從這個管道接觸到相當多的化學物質**。試想一下，保濕產品、洗髮精、潤絲精、香氛產品、體香劑還有化妝品，都是我們幾乎每天都會用的東西。平均而言，女性每天會使用十二種保養和化妝類產品的一百六十八種化學物質；男性則是六種產品的八十五種化學物質。雖然不是每種化學物質都有問題，但很多都會干擾荷爾蒙或本身是過敏原，不然就是對免疫系統有害。最糟糕的是，即便這些產品可能天天都在對身體造成傷害，卻是完全合法的。

我已經討論過幾種最常用在保養及化妝用品中的化學物質了——對羥基苯甲酸酯、鄰苯二甲酸酯及甲醛的衍生物。研究顯示，它們許多都會削弱巨噬細胞、嗜中性球細胞和自然殺手細胞的免疫活動，還會干擾用來對抗感染的細胞激素生成，因此可能導致過敏、發炎與自體免疫問題。

如同我先前提過的，翻新你的妝容並非如你想像中的困難。**現在「綠色美妝」產業有爆炸性的發展，而且對所有人來說，都有合適價位的產品**。有個很棒的選擇，是上網瀏覽美國環境工作組織（Environmental Working Group）的Skin Deep資料庫，查詢你目前使用的產品。這個資料庫把產品按照安全性分成1到10級，如此一來，你就知道要從哪裡開始著手了。接著找出比較健康的產品，並在網路上做點功課。這個時代，只要在Google簡單輸入「潔淨美妝品牌」（clean beauty brands），就可以得到好幾百筆檢索資料。很多大型店舖也有設置潔淨美妝產品專區，像是美妝電商品牌絲芙蘭（Sephora）就有「絲芙蘭潔淨貼紙」，會貼在符合品牌安全標準的產品上。目標百貨（Target）也提供許多很不錯的無毒、純素及零殘忍的商品。你其實有很多安全的產品可挑選，亦不必花大錢。我最喜歡的品牌包括：

- ILIA的化妝品及護膚產品。
- SheaMoisture的護髮、護膚和身體保養產品。
- 小蜜蜂爺爺（Burt's Bees）的護膚及身體保養產品。
- 歐拉（Olaplex）的護髮產品。
- Briogeo的護髮產品。
- 美麗響應（Beautycounter）的化妝品。
- Vapour的化妝品。
- 醉象（Drunk Elephant）的護膚產品。
- Native的體香劑。
- Honest beauty的化妝品和護膚產品。
- Olive and June的指甲油。
- 薇蕾德（Weleda）的護膚產品。
- Ursa Major的護膚產品。

多虧了這幾個（和其他）厲害的品牌，追求零化學產品並不代表你要委屈自己的妝容與保養，也不會讓銀行戶頭大失血。在結束這個段落之前，我要提出一句警告：有很多美妝及清潔用品的品牌，會主打自己是「潔淨」、「環保」或是「天然」的，實際上卻含有不少有害的化學物質。不幸的是，有關單位對於這些化學物質的管制相當差勁，讓很多公司可以輕鬆糊弄我們。因此，**一定要去看實際的成分表**，或在美國環境工作組織的Skin Deep資料庫中，確認那些產品的安全性。

■ 整理你的清潔用品

跟保養和美妝用品一樣，廚房水槽下方可是塞滿了有害免疫系統的化學物質。每次打掃的時候，我們都會吸入、觸碰到那些對身體造成重大負擔的物質。首先，光是掃除家中的灰塵，長時間下來就會接觸到大量的化學物質，因為灰塵中含有鄰苯二甲酸酯、阻燃劑等等。因此，比起掃把，我更推薦你使用具有高效空氣微粒過濾（HEPA）濾網的吸塵器、濕抹布，還有拖把或極超細纖維布料來擦除表面灰塵，防止它二次流動。除此之外，進屋的時候就把鞋子脫掉，除了讓你充滿禪意，還可以阻斷草皮上的化學物質、泥土及其他毒素的移動軌跡。接下來，把你清潔用品櫃裡任何含氯漂白劑、氨水、合成香氛和染劑，以及所有抗菌清潔用品統統丟掉。

拒絕抗菌洗手乳

我建議你不要使用抗菌洗手乳，這乍聽之下可能很怪，特別是考慮到新冠肺炎的疫情。畢竟，殺死細菌不是洗手的目的嗎？是的！但大量的研究顯示，一般的肥皂和溫水跟抗菌洗手乳效果相同。抗菌洗手乳通常都含有三氯沙（Triclosan），這種物質已被環保團體、學術界、主管機關（包含美國食藥署）警示為內分泌干擾物質，可能會對人體健康造成傷害。那乾洗手呢？說到這個，我的建議是除非你無法取得一般的肥皂和清水，不然就不要用乾洗手。含有乙醇及異丙醇（Isopropyl Alcohol）的乾洗手，的確可以殺死大部分的病毒和細菌，但可能會讓你的皮膚非常乾燥且脫水。

我最喜歡的清潔劑品牌包含：

- 淨七代（Seventh Generation）。
- ECOS。
- 誠實公司（The Honest Company）。
- 梅耶太太（Mrs. Meyer's Clean Day）。
- 美則（Method）。
- Grove Collaborative。

要找有沒有安全清潔用品的標籤，像是「MADE SAFE」產品安全標章，以及美國國家環境保護局的「更安全的選擇」（Safer Choice）標章。美國環境工作組織在自己的「健康清潔指南」中，也列出了安全清潔用品清單。

總之，不變的事實就是，我們生活在一個充滿毒素的世界，免疫系統每天都會因為我們吸入、吃進及碰觸到的大量化學物質而受到損害。許多研究也指出，接觸到這些毒素會讓發炎更嚴重、引發過敏及自體免疫疾病，並且降低免疫力，帶來癌症與免疫系統的弱化。**要修復免疫的完整性，第一步就是採取上述行動來減少你接觸到的毒素。**好消息是，這並沒有那麼困難。我建議你用一個週末的時間，打造出低毒素的居家環境。把屋內討厭的化學物質都清掉，換成安全且有助健康的產品，也記得替自己訂購新的濾水器和空氣清淨機。未來的你會感謝你的。

Chapter 09

營養——餵養你的免疫系統

多年研究營養學下來，如果要說我學到了什麼，那就是**食物不只是身體的燃料，還是資訊來源**。不管我們選擇的是一根紅蘿蔔、一顆蘋果、一隻雞翅，還是一片巧克力蛋糕，都是在對細胞發送訊息，而細胞則要翻譯訊息並且適應。這不只適用於脂肪細胞及肌肉細胞，免疫系統裡的細胞同樣也是，而它們會影響免疫系統對抗感染及抵禦疾病的機能。

多數人都不會真的去思考自己在吃東西的時候，究竟發送給免疫系統什麼樣的訊息。的確，大部分的健康和保健書籍都集中在食物及特定飲食法的優劣比較，像是低碳水、低脂、純素、原始人或其他以減重為主要目標的飲食風格。即便是那些要反轉特定健康問題的飲食，很多也都會讚揚某一種特定飲食法，而且不留任何彈性或個人化的餘地。但這本書並不會這麼做，因為歸根究底，**只要你餵給免疫系統的是多樣化的全食物，並且含有你所需要的各種巨量及微量營養素，那不管你的外表還是實際身體感受，都會是健健康康的。**

世界上存在著飲食習慣大相徑庭、但免疫系統的狀況同樣很好的人，因此，比起迷失在自己到底該不該吃紅肉、麩質、穀物、碳水化合物或飽和脂肪這些小細節中（這份清單還可以繼續列下去），這個章節會把注意力放在那些最能支持與破壞免疫系統的食物上。畢竟，有些食物對免疫系統百害而無一利（咳咳，糖分及氫化油），有些則非常有幫助。事實上，你可能已經聽過那些會提升免疫機能的知名營養素，像是維他命C、鋅和薑黃。在這個章節中，我會深入探討這些熱門營養品的科學，並告訴你到底值不值得廣泛提倡。最後，我會檢視一些可以助免疫系統一臂之力的飲食模式，等讀完這章，你就會變成用飲食來改善免疫健康的專家，也能夠迴避那些營養學上永無止境的辯論。

》》糖分：免疫系統的頭號敵人

2020年春季，美國第一波新冠疫情襲來之後，出現了一個很明顯的現象：大部分性命垂危、需要使用呼吸器及出現細胞激素風暴的患者，都有一些深層的健康問題，包括代謝障礙及糖尿病。就像我前面說的，這幾年，美國的肥胖和糖尿病問題大幅升高，而很多人甚至都不知道自己有糖尿病。但在疫情爆發時，很多人真正感到困惑的問題是：為什麼糖尿病會導致身體難以對抗呼吸道病毒？好的，首先，我們知道嚴重特殊傳染性肺炎病毒會讓短期血糖控制變差，因為該病毒會與血管收縮素轉化酶2（ACE2；在製造胰島素的胰島β細胞上被發現）的受體結合，並且可能會讓糖尿病患者的血糖濃度呈現非常危險的狀態[1]。除此之外，罹患糖尿病就代表身體是處於慢性低度發炎的狀態，這會對體內先天免疫系統造成沉重的負擔。因此，當新冠肺炎無可避免地讓先天免疫系統的細胞無法應付時，後天免疫反應中的T細胞就會最後奮力一搏，大量製造像是白血球介素-6、干擾素-γ及腫瘤壞死因子-α等發炎性細胞激素，試圖保護身體。而這經常就是新冠導致嚴重敗血症、呼吸窘迫、血栓和死亡的原因。

你可能在想我幹麼說這些，好吧，這都是我不怎麼神祕計畫的一部分，目的是要說服你：**關於免疫系統，飲食真的很重要，而說到營養，沒有什麼比糖分更會對免疫系統帶來不利影響了**。血糖很高的時候（有很多因素導致高血糖，但最大的成因是攝取過多糖分），就會產生一個惡性循環，產生胰島素阻抗及肥胖，進而促進發炎性細胞激素生成，使血管受損，並且啟動免疫系統去修復這些區域。而這會大幅分散免疫系統的能量，基本上就是替危險的細菌和病毒（像是新冠肺炎）鋪好路，讓它們可以突破防守、進入體內。

聽起來好像淨是些壞消息，特別是當你被診斷出糖尿病前期或糖尿病時，但其實並不盡然。為什麼呢？因為第二型糖尿病並不一定是永久性的。去除飲食中過多的糖分，不只可以讓這個惡性循環停下來，甚至能夠徹底翻轉。減少糖分攝取，讓新陳代謝健康，是改善免疫系統最有效的方法之一。你可能會想：「我沒有特別愛吃甜食，不用擔心這件事啦！」但即便你不常吃甜甜圈、糖果、汽水、蛋糕或餅乾，**過量的單一碳水化合物，像是麵包、義大利麵、米飯、馬鈴薯、烤穀麥，甚至是特定的水果和果汁，都可能會在你不知情的狀況下，**

默默讓血糖升高。糖分無處不在，番茄醬、沙拉醬、咖啡飲料及果汁、優格、早餐穀片還有高蛋白能量棒，甚至連營養品中也有——去檢查一下你的維他命軟糖吧！

我完全支持預防保健的做法，尤其是在糖尿病這種潛伏性的疾病上。我也建議你在營養學旅程上的第一步（不管你現在是什麼年紀），應該是請醫生幫你進行空腹糖化血色素及空腹胰島素的檢測，即便你空腹血糖值正常也一樣。糖化血色素會測前三個月的平均血糖，因此即便你看醫生當天的血糖值是正常的，真實的情況可能不然。現在甚至還有居家檢測，所以你也可以自己進行測試。

等你搞清楚自己在血糖光譜上的位置時，就可以採取以下的行動來改善健康。好消息是，如果你有好好執行我在第5、6、7章的建議，那其實已經邁出一大步了，為什麼呢？研究顯示，光是一個晚上沒睡好，都可能會對血糖值帶來負面影響；壓力荷爾蒙、皮質醇，也會導致短期和長期的血糖升高；而不健康的腸道菌叢，可能會讓你老是想吃甜食（這是真的，你去查查！）；缺乏運動則是糖尿病的最大成因之一[2]。改善上述任何一個領域，都有助於維持血糖健康。不過，這個章節要講的主要是營養，所以在此提供我的血糖健康迷你工具包：

- **要記得糖分是會讓人成癮的：**你曾聽別人說糖分跟古柯鹼一樣容易讓人上癮，卻覺得沒這麼嚴重嗎？他們其實所言不虛。糖分會活化我們腦內的鴉片類受體（對，跟世界上最具成癮性也流傳最久的藥品同名）；更糟的是，我們周遭充滿了糖類，而且是完全合法、不受管制。要改掉攝取糖分的習慣可不容易，在你決定改變時，請永遠記得這一點，才不會覺得挫敗。我的建議是，一點一點地減少糖類攝取，比較容易成功。要突然全面戒除糖分是相當困難的，因為那可能讓腦部產生戒斷反應，而促使你更想吃甜食、感到不安及疲倦。除此之外，如果你很習慣為了提振精神，在下午的時候來杯含糖咖啡或來片餅乾，或早上吃個水果優格和烤穀麥，那麼，在剛開始戒糖的前幾天、甚至前幾週，血糖會上上下下一陣子，之後你才會覺得比較舒服。但努力撐過這段時間絕對是值得的，因為除了改善免疫系統之外，你的精神也會更穩定、皮膚變得有光澤、體重也會降低。請慢慢地去執行接下來的幾項原則，每幾天就稍微減少糖分攝取，你終將贏得勝利。

- **減少攝取明顯的含糖食品：**這指的是糖果、汽水、蛋糕，以及——沒錯，就是很多人都愛的含糖炸彈：星巴克。這些食品沒有任何營養價值，還含有大量的糖分。比起這些，你可以選擇黑巧克力、莓果，或其他低糖的零食，這樣就不必徹底戒除甜食。不需要完全戒斷所有含糖食品，偶爾吃個甜點是沒關係的。但重要的是，要先讓血糖回穩並回到健康值內，因此，把這些食品踢到一邊是很關鍵的。
- **仔細閱讀每個標籤：**等你減少了生活中明顯的糖分來源，接著就該來看看食物櫃裡面的東西添加了多少糖。我先前說到，各式各樣的食品裡都藏著糖，並不是誇大其辭。請仔細檢查每一個食品，即便是標榜「低糖」或「健康」的產品也一樣。美國人每天平均會攝取將近十七茶匙，或七十一克左右的添加糖，但美國心臟協會（American Heart Association）建議，女性每日添加糖的攝取量應低於六茶匙，也就是約二十五克；男性則是低於九茶匙，約三十六克[3]。這是一個好的起點，但我強力推薦你把目標攝取量設得更低。要記得，我們還是會從蔬果及穀類中攝取到天然的糖分，因此絕對不會缺糖。添加糖有很多名字，比方說：蔗糖、高果糖玉米糖漿、糖蜜、麥芽糖、龍舌蘭糖漿、楓糖漿、焦糖，還有蜂蜜等等。

- **攝取更多纖維質**：如果糖是毒藥，纖維就是解藥。纖維不只使消化維持穩定，也會減緩吸收糖分及其進入血流的速度，可以保護你的血糖不會驟升。缺乏纖維也是汽水、果汁及含糖咖啡飲料之所以對健康有如此大傷害的原因之一——這些食品含有大量糖分，但不像新鮮的全食物，又沒有任何可以保護血糖值的纖維。取得纖維質的最佳來源是蔬果、全穀類、豆類（豆粉不算），以及堅果和種子。可溶性纖維（能夠在結腸內溶解）與不可溶纖維（不會在結腸內溶解），對於維持健康的血糖值以及讓腸道菌叢獲得養分，都是必要的物質。我最喜歡的高纖維食物包含黑豆和小扁豆、鋼切燕麥、酪梨、蕎麥、孢子甘藍、西洋梨、覆盆子、大麥及亞麻籽。如果你覺得自己無法從飲食中獲取足夠的纖維，那就試著在湯、沙拉和果昔中加入整顆洋車前子殼或奇亞籽。

・**營養成分比卡路里更重要：**要成功擺脫血糖像雲霄飛車上上下下的一個方法，是在你的飲食中加入更多營養豐富的食物，也就是含有豐富蛋白質及健康脂肪的食物，而不是老擔心卡路里的攝取。你不需要低碳水化合物飲食，只需要「選對」碳水化合物；事實上，從蔬果、豆類、完整的水果及種子堅果中攝取碳水化合物，是很好的方法，能夠有效降低飢餓感。同時，這些富含礦物質及維他命的食物，也能讓你不會在傍晚時分一直想吃杯子蛋糕，或深夜很饞冰淇淋。可以用MyFitnessPal或Cronometer這些免費的APP，記錄你連續五天左右所攝取的食物。不帶批評的眼光，只是誠實地登入並快速瞭解自己的狀態，看看實際上吃了多少添加糖、纖維及其他的營養素。試試看吧！我請病患都去做這件事，保證讓你大開眼界，真正看清楚自己的起始點在哪裡。

現在，你知道了糖分是如何造成代謝障礙、血糖失衡及免疫功能失調。我們接著往下看比較正面的東西，來談談實際可以支撐免疫健康、大自然所提供的美妙食材。

多酚的力量

你可能聽過「彩虹飲食」的建議，意思是讓飲食充滿顏色鮮豔的蔬果。但你知道箇中緣由嗎？因為這些美麗色彩的食物含有滿滿的**「多酚」（Polyphenols），是植物為了要保護自己不受輻射、細菌、病毒及寄生蟲等外來壓力傷害，而製造出的一種厲害植物性化學**

物質。令人驚豔的是，我們吃這些植物的時候，也可以收穫這些好處。為了不要弄得太複雜，也避免扯太多營養學方面無止盡的辯論，我會集中介紹對所有人的免疫系統都有益處的多酚。

多酚的好處之一，是它們有抗氧化物的身分，可以對抗體內的自由基，預防氧化壓力及細胞受損。即便你已經盡力維持健康的生活習慣，每天還是得面對環境中所接觸到的自由基。它所帶來的傷害來自於毒素、長期壓力、紫外光、菸酒這類的物質，以及空氣、水、食物中的化學物質。體內的細胞在用我們吃進的食物製造能量時，甚至也會產生自由基這個副產品，促進免疫發炎反應，進而傷害到我們的組織。因此需要有常駐的自由基清道夫，而幸好，我們可以從食物裡的抗氧化物質中獲得。

我們吃的食物含有很多的多酚，但我會推薦幾種在提升免疫平衡方面特別有才華的。等第10章談到針對各種免疫表現型的營養品時，將更深入地討論。最強力的多酚之一，是綠茶中含量豐富的表沒食子兒茶素沒食子酸酯（EGCG），可以改善微生物群系的平衡，有助於減少皮膚受到紫外光自由基的傷害，以及白內障及青光眼的發生[4 5]。研究顯示，其也有助於調節TH1和TH17細胞的生成、降低自體免疫問題的風險[6]。因此，對具有偏誤型免疫表現的人來說，來杯抹茶可能是相當有益的。

白藜蘆醇（Resveratrol）是一種有名的多酚，理論上應該能讓紅酒變成「健康的食物」。這種天然的多酚可以在莓果及葡萄中找到。最近的研究顯示，白藜蘆醇能改變腸道菌叢，因此有助於改善肥胖問題和血糖調節[7]；另外，對於延年益壽及舒緩慢性發炎問題都有幫助。還有一個狠角色是槲皮素（Quercetin）。蔬果中含有大量的槲皮素，特別是洋蔥和蘋果（所以才會有那句話：「一天一蘋果，醫生遠離我。」）。槲皮素也可以改善腸道菌叢的多樣性、減少發炎及改善過敏症狀，因此也有助於維持腸道健康[8][9]。

第10章會有更多關於營養品的討論，但現在你要知道，不管是哪種免疫表現型，我都建議攝取富含多酚的飲食。在網路上快速搜尋一下，你就會得到一長串清單，列出最富含多酚的那些食物。我自己的前十名是：

1. 莓果，像是藍莓、草莓、黑莓和覆盆子。
2. 朝鮮薊、菠菜、菊苣和紅洋蔥。
3. 紅葡萄和綠葡萄。
4. 橄欖及橄欖油。
5. 咖啡和紅茶、綠茶。
6. 榛果、胡桃和杏仁。
7. 蘋果、黑醋栗、櫻桃。
8. 新鮮現磨的亞麻籽。
9. 可可含量至少75%的黑巧克力。
10. 香料，像是丁香、胡椒薄荷和八角。

這些食物都可以輕易在日常飲食中取得，提供相當大量的抗氧化物質，讓你可以平衡免疫系統，並減少自由基帶來的傷害和發炎。如果想要看看自己最愛吃的食物在多酚含量上如何，可以檢視這個多酚探索者資料庫：phenol-explorer.eu/foods。

減少吃進糖分、提高多酚攝取量，是免疫友善營養計畫的基礎，但當然還是要提一下那些可以保護免疫的知名營養素，像是維他命C、D和鋅。多數人都聽過這些東西，它們都是藥房裡、健康食品店及網路上隨處可見的免疫救星，但這是真的還是噱頭？繼續讀下去就知道了。

免疫系統的大明星：維他命和礦物質

等你用富含多酚的彩色食物打好基礎，同時也提高了特定營養素的攝取量並能從中受益，特別是在面對急性感染或努力不要生病的時候。在某些狀況下，以營養補充品的形式獲取大量這類營養素，確實也可以改善免疫健康。不過，正式進入本節主題之前，我要先說一句：**在攝取營養補充品時，保持謹慎也是很重要的**，特別是這些產品現在相當流行，又有大量的行銷內容。**並不是說營養補充品沒用，我自己也常建議病患服用，但它們並無法取代優質、富含營養的飲食。**

要知道每日的重要維他命及礦物質（像是鋅或維他命C）攝取量是否足夠，可以連續追蹤自己幾天內的飲食紀錄。如果攝取量不夠的話，可以按照我建議的劑量攝取營養補充品。或更好的方法是去找一位整合醫療醫師或功能性醫學從業人員，一起建立一份量身訂做的營養補充品攝取計畫。如果只是大家吃什麼你就跟著吃的話，結果通常會是吃進許多低品質的營養補充品、錯誤的劑量或不對的營養素，因而無法獲得你想要的效果。因此，在把錢都掏出來採購各種Instagram上看到的免疫相關營養補充品、然後幾個月後發現藥櫃變成營養品公墓之前，請先繼續讀下去，好好瞭解營養素，並決定你是否真的需要。營養補充品是個不受管制的產業，品質最好的產品會使用上等的原材料、出錢找第三方監督，而且內容物名符其實，通常也比較貴。我最喜歡的消費者資訊來源之一是ConsumerLab.com（https:// www.consumerlab.com），這個網站會對多項營養補充品進行純淨度及效力的獨立檢測。

現在你已經有基本的觀念，接著我們來談談幾位大明星。它們是所有免疫表現型都需要在飲食中盡可能多攝取的營養素，就從其中最有名的一位開始說起——維他命C。

■ 維他命C（抗壞血酸）

幾乎每個人都知道維他命C對免疫系統的重要性，也可能在你感覺很沒力、旅途中或感冒的時候，曾被推薦服用。說真的，**維他命C對於強壯的先天及後天免疫系統來說，都是不可或缺的一部分**。它會在嗜中性球裡面堆積，不但讓嗜中性球更有力地殺死微生物，後續細胞開始清理混亂時，維他命C也有助於預防慢性發炎。皮膚是阻擋感染的重要屏障，而維他命C也有助於提高皮膚的完整性、吸光自由基，因此能預防皮膚因為陽光受損，還可以讓傷口更快癒合、促成膠原蛋白的生成（這就是為什麼現在這麼多臉部精華液中，都看得到維他命C）。

身體無法自行合成、也不會儲存維他命C，因此我們需要時常從食物中取得。雖然現在已經不常看到明顯因缺乏維他命C所造成的疾病（像是過去常見的壞血病），但其實這類疾病還是存在，特別是吸菸者及常喝酒的人身上。維他命C低下的後患無窮，跟心臟疾病、糖尿病、癌症和敗血症都有關[10]。靜脈注射維他命C甚至還成為世界各地針對新冠肺炎的療法，因為它有助於減弱新冠復原後期會發生的細胞激素風暴（常導致器官衰竭、血栓，還可能致死[11]）。有一份對於加護病房內新冠患者身上維他命C的統合分析顯示，維他命C會讓患者使用呼吸器的時間及住院天數降低8%，目前還有大規模的試驗，已對這個主題取得更深入的瞭解[12]。很多研究都指出，老年人維他命C低下，會比較容易得到感冒和流感。維他命C似乎也會縮短感冒的病程，減少胸痛、冒冷汗，以及伴隨呼吸道感染而來的發燒症狀[13]。而且維他命C便宜、幾乎沒有副作用，除非你吃太多可能會有點拉肚子。真的就是百利而無一害。

但是，在你伸手去拿營養補充品之前，要記得，滿足營養素基礎需求最好的方法，是透過真實的全食物。維他命C最豐富的食物有：

- 紅椒、青椒。
- 西印度櫻桃。
- 柳橙。
- 檸檬。
- 芭樂。
- 黑醋栗。

- 葡萄柚。
- 奇異果。
- 草莓。
- 綠色花椰菜。
- 羽衣甘藍。
- 孢子甘藍。

整體而言，不難理解為何維他命C會以提升免疫健康而出名，它有著舉足輕重的重要性，並且可以縮短感染的期間，也有助於身體從免疫反應所導致的發炎中復原。因此，我常常推薦病患服用維他命C補充品，特別是那些具有虛弱型或悶燃型免疫反應的人。你可以從500毫克、每天兩次這樣的劑量開始，以達成最好的吸收量。

■ 維他命E

這種脂溶性維他命，其實是一群名為生育酚（Tocopherol）及生育三烯酚（Tocotrienol）的八種不同的天然物質，存在像是堅果、種子及它們的油脂中。**由於我們會把維他命E儲存在脂肪細胞和細胞膜內，因此不需要像維他命C那樣天天攝取，但還是有需要定期補充的劑量，因為它對於保護細胞不受自由基傷害，扮演了最重要的角色。**事實上，誘發心臟疾病最大的原因之一，就是受到自由基損害的膽固醇（又名氧化低密度脂蛋白），而維他命E可以預防此情形發生。另外也有抗癌的作用，還能預防白內障和阿茲海默症[14]。維他命E缺乏最可能發生在罹患氣喘的兒童身上，有一份研究指出，他們比沒有氣喘的兒童更容易出現這個問題[15]。另外，維他命E也對短期、急性上呼吸道疾病有所幫助。舉例而言，在療養院中，每天攝取兩百毫克維他命E，並持續一年的人比較少感冒，因為維他命E可以增加像是干擾素-γ的數量，這種TH1細胞激素能夠對抗感染，但會隨著年紀增長而減少[16]。良好的維他命E來源有：

- 葵花籽。
- 小麥胚芽油。
- 杏仁。
- 榛果。
- 花生。
- 酪梨。
- 鱒魚。
- 鮭魚。
- 菠菜。
- 瑞士甜菜。

維他命E顯然有眾多好處，我也常推薦病患補充，特別是有心血管相關的慢性病，或超過五十歲又飽受虛弱型免疫表現所苦的人。每天持續攝取含有200到400國際單位（IU）、由各種不同生育酚所組成的營養補充品，然後請記得在飯後服用，且飲食中要有一些油脂，才能吸收得更好。

■ 類胡蘿蔔素和維生素A

類胡蘿蔔素是一組植物性化學物質，也是有利的抗發炎及抗氧化物質。幾種最常見的類胡蘿蔔素可以在彩色的蔬果中找到，像是番茄裡的茄紅素、深色葉菜裡的葉黃素與玉米黃素。而在類胡蘿蔔素當中，β-胡蘿蔔素是維他命A（也叫做視黃醇或維他命A酸）的前身，也是讓胡蘿蔔呈現橘色、櫛瓜呈現黃色的原因。β-胡蘿蔔素會在腸道內轉變成維他命A，而這也是免疫系統中強大的生力軍。事實上，生物化學家布魯斯．艾姆斯（Dr. Bruce Ames）博士把類胡蘿蔔素放進他那份長壽維他命的清單中，因為這種營養素有提升健康狀況的功能。研究指出，飲食中類胡蘿蔔素低下，會造成很多疾病，包括多種癌症、黃斑部病變及心血管疾病，還有發炎和免疫功能異常[17]。

β-胡蘿蔔素跟維他命A對於維持眼部健康，還有皮膚屏障的完整性及機能，都非常關鍵。事實上，最暢銷的抗皺乳霜是維他命A酸，基本上就是從維他命A衍生出來的。維持皮膚、腸道、鼻竇及肺部堅固的屏障，能對免疫防守的第一線帶來幫助[18]。維他命A還可以提升B細胞所製造的抗體數量，並且舒緩氣喘患者肺部的發炎[19]。在改善自體免疫問題的部分，維他命A也是箇中要角，因為它會讓舒緩型的調節T細胞數量增加，抵抗大部分自體免疫疾病成因的發炎性Th17細胞[20]。另外，維他命A會在腸道活動，促進食物耐受度，因此也會減少食物過敏[21]。基本上就是八面玲瓏的營養素。你可以在以下這些食物中，找到天然的維他命A及類胡蘿蔔素：

- 胡蘿蔔。
- 櫛瓜。
- 番茄。
- 蘆筍。
- 牛肝。
- 甜菜。
- 芥末及寬葉羽衣甘藍。
- 葡萄柚。
- 芒果。
- 西瓜。
- 蛋黃。
- 火雞。

你可能已經猜到了，維他命A對於所有免疫表現型來說，都是很關鍵的營養素，並有助於預防感染、慢性病，舒緩慢性發炎，甚至還可以平定超敏或混亂的免疫系統。好消息是，雖然上方只列出了一些，**但類胡蘿蔔素基本上在任何植物性的食物中都找得到。所以，讓餐盤上裝滿色彩鮮艷的蔬果，就可以讓你獲得每日所需的維他命A。**

有一點要先警告：因為基因的不同，大約有45%的人無法及時將β-胡蘿蔔素轉化成維他命A，我自己就是如此[22]。你可以透過基因檢驗，或檢測你的維他命A濃度，就可以得知自己是不是這類型的人。已經形成的維他命A只存在於動物性食物當中，像是肝臟、蛋、雞肉和牛肉，也可以從鱈魚肝油中來補充。如果你吃純素的話，合成維他命A可能會是最好的選擇。我在第10章中會談到更多特別需要補充維他命A的狀況，但你應該把從營養品補充的維他命A劑量限制在每日10,000國際單位以下，並且跟食物一起服用。

■ 維他命D

技術上而言，維他命D可說是現存最重要的免疫調節營養素。雖然被稱為維他命，它其實是一種荷爾蒙，結構跟膽固醇及性激素相近。儘管身體可以透過日曬自己製造維生素D，但2020年的資料顯示，美國35%的成年人及60%的老年人都缺乏維他命D[23]。如果你肥胖、吸菸，或住在療養院，那維生素D缺乏的風險就會更高。

維生素D對免疫系統的好處族繁不及備載，但大部分基層醫師幾乎都不會檢測這個項目，很令人抓狂。就算有份大規模的研究都已經指出適量的維他命D可以降低多項疾病的致死率[24]，還是連一項建議的篩檢都沒有。另一個重點是，要知道大部分商業的檢驗所使用的範圍都很寬鬆，即便你的維他命D含量幾乎稱不上足夠，還是可能會被告知「沒事」。在我自己實務的操作上，我認為最佳的維他命D濃度會是介於每毫升五十到八十奈克，但在傳統醫學中，只要有超過每毫升三十奈克，就會被認為是「沒問題的」。

不過，醫療界似乎終於清醒，並認知到維他命D的重要性了。它是貨真價實的免疫調節劑，事實上，你的免疫細胞有負責接收維他命D的受體，因此無論是哪種免疫表現型，維他命D都有助於強化、舒緩及平衡免疫系統。這種厲害的荷爾蒙有這些好處：

- 維他命D可以平衡我們的Th1及Th2細胞，並跟維他命A一樣，會促使更多調節T細胞生成，降低Th17細胞的數量，直接阻礙自體免疫問題發生[25,26]。維他命D低下一直都跟自體免疫疾病的好發有關，特別是多發性硬化，因此這在高緯度、缺乏陽光的國家盛行率也比較高[27]。
- 維他命D會讓先天免疫系統較為活躍，也能較有效率地殺死細菌及病毒。研究發現，維他命D可以降低嚴重上呼吸道感染的頻率[28]。以前肺結核還是不治之症的時候，病患會被送到療養設施，坐在太陽下，這的確可能對他們有所幫助，因為會提高體內的維他命D數量。
- 最近的研究指出，新冠肺炎的患者如果缺乏維他命D的話，會比較嚴重，可能出現細胞激素風暴。研究人員強力建議把維他命D放進預防及治療新冠重症的方案之中。

維他命D得到關注是理所應當的（而它也的確獲得了）。不幸的是，要有充足的維他命D並非像是吃吃彩色蔬果那麼簡單，因為沒有那麼多常見的食物含有這種營養素。天然的維他命D存在於含油量高的魚類中，像是鮪魚、鯖魚和鮭魚，有些乳製品和豆漿也有添加。**要獲得維他命D最好的方法，就是每天至少讓皮膚接觸到二十分鐘的日照**。不幸的是，如果你跟我一樣（一個來自美國東北方、不喜歡寒冷的傢伙），這在冬天就根本不會是個選項。因此，我會建議幾乎每個人冬天的時候都可以服用維他命D營養補充品，還有每年都去檢測自己的維他命D濃度，以看出什麼時候維他命D比較低下。根據體內維他命D濃度的不同，建議攝取的劑量也會有差，但你可以從2,000國際單位開始，並跟食物一同服用。接著，再依照個人需求調整劑量。

■ 硒

硒是相對比較鮮為人知的礦物質，卻是強力的抗氧化物，可以清除自由基並讓發炎停止，還能夠強化抗體的免疫守備，也會增強對病毒與腫瘤的免疫反應。讓體內硒的數量最佳化，有機會降低得到多種癌症的風險，像是前列腺癌及大腸癌[29]，也有助於改善自體免疫疾病，以及降低橋本氏甲狀腺炎中的抗甲狀腺自體抗體[30]。硒是抗老化的礦物質，似乎能夠減緩隨著年紀漸長時會發生的免疫老化[31]。

所以，你要去哪裡找這種厲害的抗氧化物呢？含硒量最豐富的食物是巴西堅果，每天只要吃兩顆，就可以讓你攝取到一天所需的硒，很厲害吧！其他含硒的食物還有海鮮、內臟及某些穀物。食物中的硒含量變異很大，因為這取決於土壤中的硒含量，因此你可能需要額外攝取營養補充品。如果你是一個嚴格的素食者，而且不喜歡巴西堅果，那我會建議每天服用約200微克的硒。硒並沒有像維他命D或C那麼受到關注，但也是組成健康免疫系統的一塊重要拼圖。

■ 鋅

如果你在附近的藥局尋找某種可以改善感冒及流感症狀的東西，很可能會看到許多含鋅的產品。為什麼？因為鋅會為免疫系統帶來廣泛的正面影響。鋅是繼鐵質之後、人體含量第二豐富的微量礦物質，但根據世界衛生組織（WHO）的說法，世界上至少有三分之一的人都缺乏鋅[32]。這是一個很關鍵的微量營養素，因為它對先天及後天免疫系統都具有調節作用[33]。舉例而言，若是缺乏適量的鋅，T細胞和B細胞是不會生長的，自然殺手細胞及巨噬細胞殺死病菌的成效將大幅降低，而細胞激素的保護力也會變得遲緩。鋅會保護細胞膜不受自由基的傷害，因此可以制衡日常生活的發炎反應，亦會在受到病原體攻擊後協助收拾殘局。

來自十三份研究的數據建議，在感冒症狀一出現的時候，就補充鋅以縮短感冒病程[34]。除了阻擋一般感冒外，鋅也被發現對於愛滋病有幫助；一份研究顯示，僅僅在補充鋅的十八個月後，愛滋病毒所造成的免疫問題便有所減緩。許多醫療專家也都建議，在對抗嚴重特殊傳染性肺炎時要補充鋅。**對於具有像是肥胖、腎臟疾病和高血壓等風險因子的族群，以及年長者這些免疫系統較為虛弱的人來說，鋅更是抵禦病毒的關鍵。**

要如何提高鋅的攝取量呢？鋅含量最高的食物，正好也是我最愛吃的東西之一：**牡蠣！**牡蠣比其他食物的鋅含量高出十倍以上。但如果你不喜歡這種黏黏滑滑的生物，還有其他的選擇，包括牛肉、螃蟹及龍蝦；植物性的來源也有，像是南瓜子、鷹嘴豆及腰果。要注意的是，蔬食者和素食者體內的鋅含量可能非常低，除非有特別補充鋅含量豐富的食物。因此，我建議每日補充15至30毫克的鋅，尤其是當你免疫功能異常、原本就患有一些疾病、身為年長者，或百分百只吃植物性食物。我會在秋冬補充鋅，以對抗病毒並鞏固免疫系統。好消息是，除了短期的副作用，像是嘴巴裡有金屬味及反胃感之外，鋅的營養補充品對於所有的免疫表現型來說，都很安全且有益。

》》免疫健康的超級食物

似乎每幾個禮拜網路上就會出現一篇文章，介紹一種新的、可以強化免疫系統的超級食物。我在此告訴你，**舉凡任何含有豐富維他命及礦物質的，都是免疫健康的超級食物**。儘管如此，有些食物的效果似乎特別脫穎而出，接著就來介紹。

■ 找到屬於你的菇類

數千年來，菇類在傳統中藥有著屹立不搖的地位，原因之一為它們有平衡免疫的能力。而現在，現代化的科學可以解釋這些神奇蘑菇的功效了。根據品種的不同，蘑菇可以提升、調節免疫活動，或重新導回正軌。有些蘑菇對免疫系統特別有幫助，先從我最愛的「舞菇」開始說起，不但可以用來做成美味的塔可餅，也富含β-葡聚醣。β-葡聚醣會提高像是嗜中性球這類吞噬細胞的活動力，也會刺激自然殺手細胞，讓它更能獵殺癌症[35]。舞菇似乎屬於比較會刺激免疫反應的食物，它會讓Th1細胞激素增加，因此，當你在對抗細菌、病毒感染，或擁有虛弱型免疫表現的話，舞菇會是個很好的選擇。

香菇也是另一個我很喜歡的菇類，這種菇在亞洲料理中很常見，並具有刺激免疫活動的效能。研究指出了它如何替免疫系統帶來助益，像是提高自然殺手細胞及殺手T細胞的活動，而這兩者都有助於對抗病毒與癌細胞[36]。此外，實驗室也發現，在失控的細胞激素風暴肆虐下，香菇萃取物能夠保護人類的肺部細胞[37]。

不幸的是，並非所有可以提升免疫力的菇類都是可口、能被做成塔可餅的，這也是為什麼你通常會以營養補充品的形式看到它們。其中一個例子就是，在健行路徑上可能會出現的雲芝，又叫做火雞尾巴（對，跟你猜得一樣，因為它長得跟火雞羽毛張開的樣子很像！），你可能會看到它被做成酊劑*或是乾燥的形式。這種菇類的活性成分也有助於提升自然殺手細胞及殺手T細胞的活動，特別是在癌症的狀況下[38]。如果受到感染，雲芝也有助於促發炎性細胞激素增加，並且提升免疫球蛋白G抗體的產量。

最後還有靈芝，幾項老鼠和人類癌症研究顯示，它可以增加Th1細胞激素反應，並能使化療藥物更有效[39]。此外，靈芝提取物可促進針對某些皰疹病毒株的免疫反應[40]。

---

*一種將草藥用酒精浸泡，將其成分析出後所製成的產品。也就是藥酒。

蘑菇對免疫健康非常有益，特別是當你有虛弱型免疫表現的話。但有些高品質的菇類可能相當昂貴，因此如果你需要精打細算，可以考慮這一章介紹的其他價格較低的選擇。

■ 神奇的薑黃

如果要從大自然這個藥房中選出一種能夠支持免疫系統的食材的話，那我會選薑黃。這種橘黃色的根莖類不只是印度料理固定使用的材料，還含有一種相當神奇的成分，叫做薑黃素；它對於你的免疫系統有諸多好處，我無法逐一詳述。以下是幾個重點功效：

- 它是一種強力的抗氧化及抗發炎物質，可以阻擋核因子活化B細胞κ輕鏈增強子，與發炎性細胞激素腫瘤壞死因子-α[41]。
- 研究顯示有助於改善腸道健康，並在動物實驗上證實對於發炎性腸胃疾病有功效，像是克隆氏症及潰瘍性結腸炎[42]。
- 可以緩和高皮質醇[43]。
- 會促進腸道內益菌的生長，像是雙歧桿菌和乳酸桿菌，並且會降低其他致病性及作為病原的菌種[44]。
- 可以在自體免疫疾病發生的源頭就先抑制免疫變化，同時還可以減少全身整體性的慢性發炎[45]。
- 能夠舒緩疼痛，就像非類固醇消炎止痛藥那樣，而且不會有傷胃的副作用[46]。
- 有效緩減類風濕性關節炎所帶來的關節腫脹[47]。

薑黃是很好的香料，雖然可能會讓你的皮膚、舌頭和牙齒多了一層亮黃色，而且因為它在腸道內並不是很容易被吸收，需要大量食用才能達到免疫調節的功效。有鑑於此，薑黃素營養補充品是獲取的最佳方式。讀到這裡，你大概已經猜到了，不管是什麼免疫表現型，薑黃素都是有益的，只是劑量會根據個人需求而有所不同。一般而言，我會建議每天食用1,000毫克，跟食物一起分次服用。

■ 薑

另一種厲害的根莖類，就是又辣又富有香氣的薑。跟薑黃很像（它們兩個是親戚），薑具有強力的抗發炎及抗氧化效果。它含有叫做薑辣素的化合物，有助於減少血管中的氧化壓力與發炎反應，進而預防心血管疾病[48]。動物實驗顯示，薑的萃取物具有強力的抗氧化功效，對於酒精引發的肝臟疾病可能有所幫助，也能夠使腎臟免於化療藥物的傷害[49][50]。除此之外，薑還有很強的抗菌效果，並且已證實能夠殺死多種具有抗藥性的細菌及特定的黴菌感染[51][52]。我常常在感到反胃、脹氣和有其他菌叢失衡而引起腸道不適的病患身上使用薑[53]。你可以把新鮮的薑放到果昔及其他食譜中、泡新鮮的薑茶，大部分的果汁店、咖啡店也都有賣薑汁，直接喝或加水稀釋都很好。

■ 青花椰苗

大家都知道青花椰菜對身體很好，但最近「青花椰苗」獲得了相當多的關注。青花椰苗是蘿蔔硫素（SFN）的強力來源，這是一種可以支持免疫系統的生化物質。蘿蔔硫素本身具有提升數種抗氧化合物含量的功效，因為它會在我們的細胞內促成一種名為NRF-2的化合物，有時候也被稱為抗氧化物的「主調節器」。NRF-2已證實在如癌症、慢性阻塞性肺病，還有肝病等諸多疾病中都能夠減少發炎[54]。大部分十字花科的蔬菜，像是青花椰菜及白花椰菜，都含有大量的前導化學物質，稱為蘿蔔硫苷，會在消化過程中轉化成蘿蔔硫素。不過，青花椰菜嫩苗的蘿蔔硫素含量，比青花椰菜高出了十到一百倍，也就是說，當你吃三十克左右的青花椰苗，效果就是成熟花椰菜的十至一百倍[55]！在一場四十位過重成年人參與的試驗中，他們連續十週每天都食用青花椰苗之後，體內發炎性細胞激素濃度及C-反應蛋白（慢性病的一個指標），濃度都大大減少[56]。青花椰苗最佳的食用方法是生吃，像是放在沙拉裡，因為蘿蔔硫素很容易在調理過程中被破壞。把目標放在每週食用約60克的青花椰苗。在家就可以在幾天之內輕鬆用種子種出青花椰苗，只需用個梅森罐和水就行了。如果你無法取得青花椰苗，那營養品中也有蘿蔔硫素可以補充，建議你從每天50至100毫克開始攝取。

■ 大蒜

大蒜不只讓所有菜餚都更加美味，這種衝鼻的蔬菜還有多種可以調節免疫系統的化合物。研究發現大蒜可以刺激免疫，提升巨噬細胞、自然殺手細胞及淋巴球的活動力[57]。同時，大蒜也是抗發炎物質，能夠降低膽固醇與血壓，因此也有保護心臟的功效[58]。除此之外，還具有強化腸道菌叢的神奇能力，更能提高像是乳酸桿菌等益菌的數量，也可以抗菌、抗病毒、抗黴，亦能平衡可能導致發炎的腸道微生態失調[59]。幾乎任何食譜都可以加入大蒜，所以只要有機會就多多使用吧。如果你不喜歡那個味道，也可以在營養補充品中找到它。

》》》你的營養工具包

只要你讀過別的健康保健類書籍，就可能會對於這個章節的方向感到驚訝。為什麼我不跟別人一樣，提供一套精準的飲食法及一份清單，告訴你要吃什麼、不能吃什麼呢？我的第一個答案是，**沒有哪套飲食法可以完美地一體適用，而且除了少數例外，我不認為有什麼食物是對所有人都「不好」的**。如果有人告訴你他們掌握了通往完美的「飲食計畫」，那肯定不老實。我們都是獨一無二的，根據基因及免疫表現的不同，需求也不同。**要找到對你而言可行且健康的飲食方法，需要時間、試錯、個人化調整及耐心**。當然，根據資料顯示，的確有些食物對於特定的族群是有害的，但對你可能不是。因此，如果想要平衡自己的免疫表現，與其瘋狂嘗試市面上各種流行的飲食法，倒不如按照下方的建議去做。如果你遇到障礙、需要更多指引，可以找一位功能飲食治療師或營養師協助，以修正任何營養素缺乏的問題，找出敏感食物，並訂定一份專屬於你的、有效的營養計畫。

同時，執行以下的建議可以最佳化你的營養和健康：

- **少吃糖：**就像我們前面提到的，糖分=血糖問題，血糖問題=發炎；而發炎=免疫失衡。因此，我能給出的的最佳營養建議，就是減少生活中明顯的糖分來源，至於要怎麼做到，請見第169頁的血糖健康迷你工具包。
- **吃更多綠葉蔬菜：**綠葉蔬菜就像是大自然的綜合維他命，含有大量有益的維他命及礦物質。如果你每天在至少兩餐中加入綠葉蔬菜，便是朝更好營養狀態的路上邁出了一大步。我最喜歡的綠葉蔬菜有：菠菜、芝麻葉、羽衣甘藍、嫩甘藍、瑞士甜菜、小白菜、水田芥。
- **處理營養素不足的問題：**免疫系統在免疫力缺乏的狀態下是無法好好運作的。你可能不會意識到自己在這方面的問題，但可能時常覺得沒精神或常常生病。改善任何維他命或礦物質缺乏的問題，對於平衡免疫是很重要的，特別是這個章節內討論到的幾種營養素不足時。可以的話，找一位飲食治療師或醫療照護專家求助，並經由實驗室檢測自己的數字，如果這個方法難以實行，那就用手機或電腦上的App來做飲食日記，把一週所吃的食物都記錄下來。大部分營養App都會計算你所吃下食物的微量營養素含量，於是就可以看看自己缺少些什麼。比方說，你可能會注意到飲食缺乏鋅和硒，因此決定要服用營養補充品或多吃巴西堅果。如果飲食日記看不出任何趨勢或營養缺失問題，那麼，補充高品質的綜合維他命也是一個確保大部分基本營養素都攝取足夠的好方法；尤其是當無法進行營養素缺乏檢測時，這一點就尤為重要。綜合維他命含有優質的維他命組合，能幫助你取得數種可以提升免疫力的超級材料。雖然一般來說，綜合維他命都不足以矯正任何營養素的長期缺失，但可能有助於預防問題惡化。

- **減少酒精的攝取**：酒精是個狡猾的物質，可能會讓你的血糖脫離正常值，對健康的其他方面也有不好的影響。大部分酒精飲料的含糖量都很高，並以碳水化合物的形式存在其中，這會間接導致血糖上升。罪魁禍首是混合飲料、啤酒和蘋果酒，而不甜的葡萄酒含糖量則比較低，蒸餾酒的含糖量則為零。但是，酒精本身就是一種燃料。沒錯，乙醇可以被身體當作燃料來燃燒，而且其實每公克就有七卡的熱量，比蛋白質或碳水化合物都多。不僅如此，酒精會在脂肪、碳水化合物或蛋白質之前優先被燃燒，因此如果你在用餐時飲酒，酒精會被燃燒掉，而其他的卡路里則以脂肪的形式儲存下來。這還只是酒精造成體重增加、血糖失衡及糖尿病的其中一種方法，這些問題久而久之也會造成免疫系統的損壞。另一個要限制酒精攝取量的原因在於，它對腸道菌叢而言是有毒的，會擾亂腸道屏障機能，導致腸漏症。酒精對於先天和後天免疫反應也都有影響，會弱化我們的防禦力，讓受到感染及慢性發炎的風險提高。另外，酒精被分解時，會形成一種有毒的代謝產物，叫做乙醛，這對於所有的細胞而言都是有害的，並且會增加身體的氧化壓力，也就需要更多抗氧化物才能平息。它也被證實會對肺部的巨噬細胞及嗜中性球細胞造成傷害，提高肺炎發生的風險。研究甚至還指出，酒精也是造成季節性過敏的因素之一，並且會讓氣喘和花粉熱的常見症狀增加，像是打噴嚏、搔癢、頭痛與咳嗽。要減少酒精攝取的方法有很多。我的建議是：把你的啤酒、紅酒或雞尾酒換成其他清涼的飲料，像是加了新鮮水果或萊姆汁的氣泡水，或冰的薑黃茶。現在也有很多可口的零酒精啤酒。此外，制訂計畫時不要繞著酒精打轉。要減少酒精攝取，最困難的通常是飲酒的社交層面。比起約在酒吧見面，你可以約朋友一起踏青、做做陶藝，或在公園進行健康的野餐活動。

- **在飲食中加入有助免疫的超級食物：**在飲食中加入菇類、薑黃、薑、大蒜及青花椰苗，如此一來，你就可以攝取到固定劑量的免疫提升超級食物。要做到這一點方法有很多，你可以把這些東西煮成湯、茶、咖哩，甚至打成汁，或加到果昔裡面。市面上也有很多含有這些食材的蔬果粉。

如果這個章節的資訊感覺有點難以消化，那我要告訴你，改善飲食，並對免疫系統提供支援和補給，並沒有表面上看起來那麼困難。你不需要每天追蹤自己攝取了多少多酚，或維他命和礦物質，也可以確定有沒有獲得所需的營養素，更不必每天都食用薑、薑黃和菇類等。為什麼？如果你的飲食中充滿各式各樣的彩色蔬果，再加上幾種這些食材，就會有足夠的多酚、抗氧化物，以及支撐免疫系統的維他命和礦物質。健康免疫系統的營養基礎就是這麼簡單，而在這個基礎上，就可以進一步改善及平衡你的免疫表現型。這也是為什麼在下個章節，我會更深入地根據每個免疫表現型，提供更多的營養補充品和營養方面的建議。

現在，你已經充分理解了睡眠、壓力、腸道健康、環境及營養如何對免疫系統造成影響。雖然我分別提到了各個免疫表現型的成因及小建議，然而，一旦改善這五大支柱，四種表現型都能受益。讀完這個章節，我希望你已經採用了工具包中的一、兩項建議，如果還沒的話也不要緊。下一章將聚焦在依不同免疫表現及生活習慣，去具體制定個人化的免疫修復計畫。你會選取一些第5到9章的建議，連同接下來針對各種免疫表現型的指示，一併放進你的計畫當中，不只改善免疫表現，也符合你的喜好、預算及需求，呈現最佳狀態。

準備好了嗎？讓我們開始吧。

Chapter 10

讓免疫表現重回平衡

現在，你應該已經對免疫系統的運作，以及生活習慣的各種面向可能提升或減弱免疫功能，有了專家等級的認識。我知道資訊量很大，但希望你記得的關鍵就是，不同於一直以來別人灌輸的觀念，**其實你對自己健康的掌控度是很高的**。沒錯，我們每天都要面對很多挑戰，從環境及食物中的毒素，到高壓、工作到榨乾最後一分精力為止的文化，都是巨大的難關——

但只要有正確的知識和引導，都可以克服。

Part 2的五個章節都在談論影響免疫系統最主要的生活因素。而睡眠、壓力、腸道健康、毒素及營養，對於四種免疫表現的影響程度是一樣的。所有走進我診間的人，都會在這幾個面向上得到建議，這也是為什麼Part 2的很多內容，比起你是哪種免疫表現型，重點更放在個人的日程規畫、優先順序、預算與個性。這些建議是替健康的免疫系統打好基礎很重要的一部分。

不過，是時候要針對各個免疫表現型去談了。在這個章節，我們會深入探究具體可以做哪些事情，好讓免疫系統在細胞層面上回歸平衡，並且讓身體也同步回到平衡狀態。

知道自己是哪種免疫表現型了，然後呢？

完成第4章中的測驗，應該就會知道自己是哪種或哪些免疫表現型了。現在，我們要更深入去瞭解特定的食物、營養補充品、香草及生活習慣上的技巧，把免疫系統推回平衡的狀態。

首先，我會概括性地解釋每一個表現型在免疫修復計畫中所採取的療法。接著，就會往下講到一些量身打造的生活習慣及營養品建議，讓你可以加入計畫進程中。**建議你從一種推薦的營養補充品開始就好，連續吃至少一週之後，再加入第二種**。在保健的圈子內有個常見的問題，就是過度補充營養品——換句話說，同時開始吃太多種營養品，於是你就不會知道到底有沒有用、哪一種是真的有用。所以，我都會建議在營養補充品的攝取上採用更針對個人的方式。如此一來，你將更小心謹慎，而不是一次性地把所有亂七八糟的東西塞給身體，然後希望其中有哪個可以發揮功效。只要你沒有不良反應，就可以在免疫修復計畫中加入最多三種營養品。在最一開始的三十天，我建議你吃這三種就好，**但請持續吃至少六十天，再評斷對你是否有幫助**。為什麼呢？因為我發現，大部分的人都需要至少六十天的時間，才會看到症狀上的重大改變，並且根據狀況的不同，有時可能還要六個月才會出現轉變。很多人在營養補充品還沒機會發揮作用之前，就放棄不吃了。

要記得，營養品並不是處方藥，本來就不應該在二十分鐘內、甚至是兩週內起作用。除此之外，記得跟醫生討論這些營養品及香草的使用，確保不會跟你的藥物產生反應——這是有可能發生的。因此，**在動手術或接受其他醫療程序之前，都不該服用營養補充品。**

》》》強化虛弱型免疫表現

我們回過頭來看比爾——經常感冒、倦怠，而且腸躁症和唇疱疹常常發作的那位。回憶一下在第2章學到的知識，你可能可以猜到，比爾的先天及後天免疫系統都有強度上的問題。他腸道內免疫球蛋白A低下，表示細菌跟病毒可能會比較容易入侵，並導致生病。打疫苗之後，具有保護功能的抗體數量也很低，可能代表T細胞與製造抗體的B細胞之間溝通不良。除此之外，他的檢驗結果還顯示出重新活化的EB病毒，以及水痘帶狀疱疹病毒所導致的帶狀皰疹。多數人都有這些疱疹病毒潛伏在體內，但是免疫系統會盯著它們，只有我們免疫防禦已經搖搖欲墜的時候，這些病毒才會爆發出來。比爾的殺手T細胞及自然殺手細胞很可能有能力上的弱點，所以無法壓制住病毒。

對於虛弱型免疫表現，那些可以「增強」免疫的做法會最有幫助。如果你是這一型的人，一般來說，要先改善先天和後天免疫系統細胞內任何的弱點，這將能夠大大提升面對細菌及病毒時的第一反應，預防潛伏中的病毒爆發，並製造出強而有力的抗體，在未來繼續保護你。

雖然到目前為止我們討論過的各種做法，對所有的免疫表現而言都很重要，但其中有些特別能夠提升免疫力。例如，這些會帶來效果的建議：

- 增加Th1細胞及細胞激素的數量，因為它們在對抗感染中相當關鍵。
- 提升B細胞的活動力、製造抗體的能力，以及增強自然殺手細胞的活動力。
- 改善腸道的屏障功能。

要做到這三點，**虛弱型免疫表現的基礎生活習慣支柱，就是睡眠**。缺乏睡眠的話，荷爾蒙分泌就會紊亂，生理時鐘也會失調。擁有適當的睡眠並把生理時鐘視為優先尤其重要。請記得，褪黑激素是在上半夜、你睡著的時候分泌的，它會活化許多對抗疾病的細胞激素。因此，平常請讓褪黑激素的分泌量盡可能增加，這也就表示，晚上不要碰藍光、帶上濾藍光眼鏡，是非常關鍵的。

除了這些原則之外，大自然這個藥局也有很多藥材，幫助你用食物或營養補充品的方式，打造虛弱型免疫表現所需要的結構。下列這些東西可以用來強化你的先天免疫系統（像是自然殺手細胞及巨噬細胞）：

- **褪黑激素：**如果出於某種原因導致睡眠狀況有問題，而你晚上又無法避免藍光，那可以在睡前幾個小時試著服用低劑量的褪黑激素。這對於正在經歷「免疫老化」，或因為年紀增長而導致免疫衰弱的長輩尤為重要。建議劑量：睡前一小時服用1至3毫克*。
- **菇類：**如同上一章所討論的，菇類含有很厲害的化合物，名為β-葡聚醣，對於提升免疫力有相當了不起的功效。癌症試驗也證明，菇類能夠提升免疫系統中自然殺手細胞的巡防能力，並增加有助於對抗病毒及細菌的細胞激素，進而刺激Th1細胞反應[1]。我自己最喜歡的菇類有香菇和舞菇，這兩種菇類拿來炒、火烤或放在湯裡都很美味。菇類也含有大量的抗氧化物質、維他命D和硒[2,3]。若要進一步提升免疫系統，你也可以從營養補充品中攝取菇類。靈芝雖然無法作為食材（通常都很硬，難以入口），但能刺激巨噬細胞及自然殺手細胞，讓它們釋出更多細胞激素，像是干擾素-γ和腫瘤壞死因子-α，協助對抗病毒和細菌的入侵。雲芝（火雞尾菇）也被證實能夠提升白血球整體的數量，以及嗜中性球細胞的活動力，並且增加B細胞所製造的抗體數量。這兩種菇類都會以粉狀或膠囊的形式出現，也會混在茶與咖啡中。建議劑量：食用各種有助於提升免疫作用的菇類，至少持續六十天。
- **南非醉茄：**這種植物的根部最著名的就是作為對抗壓力的適應原，也有助於減緩焦慮及睡眠問題[4]。除此之外，它可以提升自然殺手細胞的活動力，並向上調節Th1細胞的活動力。因此，當你感覺分身乏術、有慢性壓力，而且一直生病時相當有用[5 6]。建議劑量：每日兩次，每次300至500毫克，且至少持續六十天。

- **高麗紅蔘：**高麗人參的一種，因為對於免疫系統有多重功能，在韓國及其他亞洲國家非常風行。高麗紅蔘也有豐富的抗氧化功能，並且可以保護肝臟，降低含乙醯胺酚止痛藥的傷害[7]。整體而言，它被證實能夠增加嗜中性球的數量，也可以提升T細胞和B細胞的數量與活動力。建議劑量：每日1,000毫克。
- **初乳奶粉：**初乳是在母乳分泌前、分娩二十四到四十八小時後產生的物質，會給寶寶免疫力，因為裡面含有各種具保護作用的免疫球蛋白、營養素及抗微生物的物質。幸運的是，初乳的功效並非僅限定作用在新生兒身上，具有虛弱型免疫表現的成人也能受益於此。牛或羊的初乳含有同樣的元素，而且可以用奶粉的方式攝取。牛乳初乳能夠提供免疫球蛋白G和A，有助於保護身體免於微生物感染、修復腸漏的現象，也可以預防上呼吸道感染[8 9 10]。大部分乳糖不耐的人都可以服用初乳，不會產生不適。建議劑量：每日3,000毫克的奶粉或膠囊。
- **落葉松阿拉伯聚醣：**在很多常吃的食物中都找得到的一種碳水化合物，包括胡蘿蔔、白蘿蔔和西洋梨，但最佳的來源之一則是西部落葉松。這是很好的益生質纖維，可以支援腸道內的益

＊口服褪黑激素在臺灣屬於處方藥物，並非營養食品或成藥，無法自行於一般藥房購得。

菌，而且跟乳酸桿菌一起補充的話，能夠增加自然殺手細胞的活動，並有助於治療腸躁症[11]。人體試驗也顯示，它能減少感冒發生，因此對於虛弱型免疫系統來說，是個很好的選擇[12]。建議劑量：每日1,500毫克的粉末或膠囊。

- **接骨木莓：**這種植物療法，在橫跨世界各地的傳統醫學中都找得到，也可以在大部分主流的藥房架上看到它。接骨木莓已被證實有助於改善早期上呼吸道病毒感染[13]。之所以有這種功效，是因為它可以提升促發炎性細胞激素的數量，像是白血球介素-6及腫瘤壞死因子-α。當虛弱型免疫表現的人剛出現感冒症狀時，接骨木莓就很有用。一個謹慎的建議是，請在只出現輕微上呼吸道感染症狀的時候使用，像是一般感冒，如果有發燒的徵兆或症狀惡化的話，就要停止服用。建議劑量：每日4公克的糖漿、膠囊或藥片，以達到預防之效。如果突然生病的話，最多每日服用三次。

讓悶燃型免疫表現降溫

到目前為止，我們已經對發炎反應進行了相當詳細的剖析，希望我已經說得夠清楚了：**健康的發炎反應是必要的，也是日常生活的一部分，更是免疫系統成功的關鍵**。但有些人會持續被困在無法消除的低度發炎裡，時間一久，就會對健康造成傷害，因為慢性發炎是自體免疫疾病、過敏、心臟疾病及其他慢性疾病一個主要的促成因素。悶燃型免疫表現會有顯著的發炎反應，並且可能（還）不會出現超敏型或偏誤型的免疫表現症狀。

促成發炎的主要因素，大部分都是我們有極大掌控權的東西，而且按照這本書提供的建議去做，就能大幅反轉發炎反應並讓身體回到正軌。**那些具有悶燃型免疫表現的人不一定是免疫受損，只是他們的免疫系統每天都忙著滅火，所以面對真正的威脅時，不一定有辦法產生足夠強大的反應。**但漸漸地，糟糕的飲食、睡眠的缺乏、慢性壓力、高血糖及肥胖，會導致免疫細胞健康與活動力都下降。這就是為什麼我將其稱為悶燃型：在你生病之前，免疫的失衡可能不會那麼明顯。悶燃型也可能會出現Th1細胞主宰的現象，因此，具有這種表現型的人可能不適合食用任何會進一步助長Th1細胞的東西，因為這會讓發炎更嚴重。讓我們把力氣用在下列這些目標：

- 拆解掉那些在細胞內造成發炎的目標物，包括核因子活化B細胞κ輕鏈增強子、發炎體及發炎性細胞激素的產生。
- 加速發炎反應的消除，就不會陷入長期免疫活化的循環。

如果你在悶燃型免疫表現的得分很高，那要對生活習慣進行的第一個措施，就是聚焦在你的營養上，包括：

- 盡量減少攝取酒精，或完全避免。
- 把糖甩到一邊。
- 採行全食物、有機且富含抗氧化蔬果的飲食。

悶燃型免疫表現不只是在生活習慣的選擇上要有所改變，想減少發炎反應還需要額外的努力——專心在細胞層級上淡化發炎路徑。因此，可以考慮使用這些營養補充品以達成目標：

- **薑黃素：**有什麼是這種神奇的物質做不到的嗎？我在第9章中說它是薑黃最主要的活性材料，在各種層面都有助於減少發炎。超過一百二十個人體臨床試驗的結果顯示，它對於多種疾病，從阿茲海默症到糖尿病，還有心臟病跟自體免疫疾病的病況都有助益[14]。把新鮮的薑黃根研磨加進湯品及燉菜中，或使用乾燥的香料，讓你的飲食內含有薑黃，這種做法聽起來很美妙，但要從食物中獲取足以產生療效的量幾乎是不可能的。如果你具有悶燃型免疫表現，強烈建議使用營養補充品的方式來攝取薑黃素。它在消化道內並不容易吸收，但現在已經研發出提高生物可利用度的形式——像是加了黑胡椒的薑黃素——最多可提高四倍的吸收力[15]。就算是這樣，你還是必須跟富含脂肪的餐點一同服用，以達到最佳的成效。建議劑量：每日兩次，每次1,000毫克。
- **白藜蘆醇：**這種多酚也很難從食物中獲取足以產生療效的劑量，就算是最有名的來源——紅酒也一樣。當我們將它代謝掉之後，就只會剩下1%的量，因此營養補充品會是最好的選擇。臨床試驗發現，白藜蘆醇對於治療心臟病、第二型心臟病、癌症、肥胖及老化都有效[16]。在一份研究中，有一組糖尿病患者每天服用一公克的白藜蘆醇，持續四十五天之後，血糖、胰島素阻抗及糖化血色素都有改善。白藜蘆醇也有助於抑制阿茲海默病患腦中的澱粉斑塊[17 18]。這都要歸功於它抗氧化及抗發炎的功效，但似乎也會有類似熱量限制的效果，讓你的新陳代謝狀況更好，並減少疾病的發生[19]。白藜蘆醇之所以成為抗老化界的明星，是因為它可以增加細胞內一種名為SIRT1的化合物，提高耐力並延長壽命，同時也減少慢性病的發生。你在購買白藜蘆醇的營養補充品時，要記得找萃取自日本虎杖（一種植物）、98%反式白藜蘆醇的產品。跟富含脂肪的餐點一起食用效果最好。建議劑量：從每日500毫克開始，再增加到每日1公克，並分成兩次攝取。

- **專門促炎症消退介質（SPM）**：正如其名，這些物質有助於讓發炎「消退」。還記得嗎？我們在第3章說過，感染會驅使大量的嗜中性球細胞趕到受感染的地方，吞噬掉微生物，但如果巨噬細胞的量不夠，沒辦法把那些充滿細菌的嗜中性球帶走，就會引發慢性發炎的循環。這就是專門促炎症消退介質會介入的時機，它們並不會在第一時間阻止發炎的發生，而是會遏止更多的嗜中性球被叫來現場。這些物質也會發出訊號，呼喚更多的巨噬細胞來清走殘骸，因此對於發炎反應的消退相當重要。雖然你的身體可以從Omega-3脂肪酸自行製造出專門促炎症消退介質，但需要花些時間。因此，如果你有悶燃型免疫表現的話，可能會供不應求。但好在它們不會干擾發炎反應，也就不會產生免疫抑制作用。除此之外，專門促炎症消退介質比吃非類固醇消炎止痛藥、類固醇及其他消炎藥安全多了，我特別喜歡它們對於疼痛和關節炎的效果。建議劑量：每日2,000毫克。

- **小檗鹼：**在許多植物中都見得到這種物質（像是金印草、小蘗木和奧勒岡葡萄），而且是向下調節免疫及減少體內氧化壓力的要角。它有強大的抗菌能力，也常被用來治療細菌感染，以及可能會導致慢性發炎的腸道菌叢過度增生。小檗鹼也被證實有助於提高胰島素敏感度並改善血糖調節[20]。在一份用小檗鹼與治療糖尿病常用藥物「二甲雙胍」的研究中，它在降低空腹血糖、胰島素及糖化血紅色素上，跟糖尿病藥物其實是一樣有效的，同時還可以減少膽固醇與三酸甘油酯[21]。整體而言，這種化合物對悶燃型免疫表現是非常有益的，特別是那些苦於新陳代謝症候群的人，像是肥胖、高血糖及心臟疾病患者。建議劑量：每日三次，每次500毫克。

很多天然物質都有強大的抗發炎和抗氧化效果，但上述這幾種是我確保有安全紀錄，且可以打擊數種發炎機制的。

舒緩你的超敏型免疫反應

偏誤型免疫表現中，T細胞及抗體會攻擊「自體」組織，而超敏型免疫表現，則對像是花粉和灰塵這種來自體外、但無害的東西反應過大。免疫系統若運作無礙的話，應該能夠分辨自己面對的是敵是友，還是無辜的旁觀者，並且能夠快速攻擊、摧毀危險的病毒。於此同時，也不會對家裡的貓咪或外面的花粉產生反應。但有太多人的免疫系統都還是會這樣，於是飽受日益漸增的慢性過敏、濕疹以及氣喘所困擾。

環境中無害的東西為什麼能對身體產生影響？在超敏型免疫反應中，有幾種不同的機制在作用。首先，我們知道那些對環境過敏、氣喘、對食物過敏的人，體內的輔助T細胞會「陷入」Th2細胞主宰的模式。Th2細胞及它所製造出來的細胞激素，會增加免疫球蛋白E抗體，這會直接導致過敏反應的發生[22]。免疫球蛋白E也會號召其他跟過敏有關的免疫細胞，像是嗜酸性粒細胞、肥大細胞，以及一種叫做組織胺的化學物質。為了保護身體不受那些其實毫無傷害性的物質影響，會出現很多腫脹、鼻水、分泌物、咳嗽和皮膚上的刺激不適。雖然無法百分百確知人體內會發展出過敏的原因，但我們還是有辦法轉移Th2過度主宰的現象，並減少這種傾向。可以從這兩點開始：

- 弭平感染及其他讓你慢性發炎的誘因。
- 使用營養補充品讓狀況回到正軌，提高Th1的活動，並且抑制住Th2的活動及支持它的細胞激素。

如果你在超敏型免疫反應的測驗中拿到高分的話，首要採取的行動，就是控制生活中的毒素。室內室外的毒素都會強化Th2極化，並阻撓Th1的反應。像是鄰苯二甲酸酯、殺蟲劑、鉛、汞及柴油粒子和香菸煙霧中的化學物質，都會讓免疫系統失衡，進而使得過敏反應更嚴重。打造出更「綠化」的居家環境，並且執行第8章的建議，就已經在安撫超敏型免疫反應上大有作為了。除此之外，下列這些營養補充品也可能極為有效：

- **槲皮素：**槲皮素是一種強力的類黃酮，也是許多水果中都可以找到的抗氧化物，對於超敏型免疫反應而言，把它加入工具包是很不錯的。因為槲皮素會干擾促使過敏的Th2細胞激素，也會增加Th1細胞激素干擾素——干擾素-γ，而這可能是它之所以能夠提升免疫力的原因。槲皮素也有像是抗組織胺的效果，可以更快速地舒緩過敏者的不適[23]。義大利研發出一個名叫Lertal的產品，含有槲皮素及紫蘇，目前正在進行對於過敏性鼻炎的臨床試驗。建議劑量：每日兩次，每次500毫克。
- **黃耆：**這是慢慢從Th2主宰朝向Th1反應發展的一個很好的選擇。黃耆被證明可以改善氣喘兒童的氣流速度，在別的研究中，它也能降低像是高濃度免疫球蛋白E抗體，以及嗜酸性粒細胞這類過敏因子的數量，這些常常會跟過敏反應一起出現[24][25]。建議劑量：含有經過標準化乾燥所製成的膠囊或酊劑，每天攝取500到1,000毫克。
- **紫蘇：**這個薄荷家族的一員，是中醫裡最重要的五十種成分之一。紫蘇含有大量的迷迭香酸，被證實可以大幅減少過敏症狀。在一場持續二十一天的雙盲試驗中，紫蘇可以阻斷Th2細胞激素，進而大量減少像是鼻水、搔癢、流淚的症狀[26]。建議劑量：每日兩次，每次300毫克。
- **刺蕁麻：**這種藥草的葉子具有抗組織胺的功能。有一份為期三十天的研究在探討刺蕁麻對於過敏症狀的效果，結果顯示症狀大幅減輕，嗜酸性粒細胞的數量也大幅降低[27]。建議劑量：每日攝取500毫克冷凍乾燥後的根部，也可以使用酊劑或茶飲。

》》指引偏誤型免疫表現重回正軌

偏誤型免疫表現是四種中最複雜的，因為它幾乎一定會跟另一種免疫表現一起出現，像是悶燃型。在最基本的層面，偏誤型免疫表現就已經忽略了「不要攻擊自己組織」的提醒。在發展的過程中，對自體起反應的T細胞逃過了監視，並且沒有按照計畫被好好消滅。這些T細胞被活化，並且轉變為Th17細胞，具有高度的致發炎性，並且會把自體組織當作是外來威脅攻擊。受傷的組織接著會觸發其他免疫細胞湧入，引發持續發炎的瘋狂循環。除此之外，抗體也會形成，以對抗自體組織，讓狀況持續更久。

很多因素都會影響到自體免疫疾病的發生。首先，基因可能會讓你更容易出現某種自體免疫狀況，但基因並不一定代表最終命運。感染、食物、壓力及毒素等也有很大的影響力，記得我們談過表觀遺傳學嗎？它研究的是環境如何影響基因表達，以及我們因此多容易感染疾病。而更複雜的是，具有偏誤型免疫表現的人，原本就有Th1或Th2極化現象，並且幾乎都有豐富的Th17細胞；就是它們造成像是類風濕性關節炎，以及多發性硬化這些疾病中的組織毀損。

雖然這麼複雜，但若你按照目前為止的所有建議去執行修復計畫，再加上這個章節的指示，就會開始看到症狀的改善。強烈建議你注意自己是否在超敏型或悶燃性的得分也很高，如果是的話，可以看看針對那些表現型的建議，並放入計畫中。

偏誤型免疫表現的另一個問題，是各種措施需要更長的時間，才能讓免疫反應回歸平衡。因為你得要同時試著減少發炎、減少Th17細胞、平衡Th1和Th2細胞，並減少針對自體細胞的抗體。這些可能會需要花上好幾個月的時間，但我強烈建議你堅持下去並保持耐心，情況會好轉的。隨著你嘗試一個又一個建議，請注意哪些做法看起來有助於平衡免疫表現型，如果有任何東西讓你感覺症狀加劇，就停止進行。**自體免疫問題是很麻煩的，而每個人都不同，有時候些許的試錯是必經的過程。**

回過頭來看看病患瑞秋的案例。她有類風濕性關節炎，這是一種自體免疫疾病，也是一個徵兆，顯示身體其他部位也在發展自體免疫。她有使用抗生素的歷史，根據糞便檢測的結果，也有病原細菌過度增生的問題。對麩質和黃豆的食物過敏，在她的慢性過敏上又添了一把火。腸道也是一團遭，而就像我們在第7章中學到的，腸道是建立免疫耐受性的基礎，這就是為什麼我希望大家以腸道健康為優先。請按照第9章的建議去做，好好攝取纖維、發酵食物、大量抗氧化物及多酚，並試試看食物排除療法，這也是我面對偏誤型免疫表現的病患時會用的一個有效工具。

我們知道很多食物都是強大的自體免疫誘發因素，如果持續食用的話，會不斷促進腸道及其他地方的發炎。第一步的建議，是連續三十天停止攝取添加性糖分、酒精、小麥、乳製品、黃豆、蛋、玉米、花生及加工食品。如果當中的確有哪個食物是主要問題的話，免疫系統就會有充分的時間減少對它的反應。三十天之後，你很可能就會注意到精神、心情、睡眠、關節痛、頭痛、腸道問題和其他症狀出現改善。

但真正讓真相大白的，還是在於重新加入某些食物的時候。一次只加入一種食物，並且等待四十八小時，這時，如果該食物是個問題，你就會發現症狀又回來了。也可以使用其他更嚴格的食物排除療法，像是自體免疫原始人飲食法（AIP），它甚至還會進一步排除堅果、種子、豆莢類及穀類，或茄科類蔬菜。研究指出，採用自體免疫原始人飲食法，能夠改善像是潰瘍性結腸炎等腸道疾病、橋本氏甲狀腺炎（一種甲狀腺的自體免疫疾病），以及多發性硬化中的自體免疫神經系統。

食物排除療法不是永遠的

我知道你正想著：「排除這些食物之後，我還能吃什麼？難道就只能一直這樣下去了嗎？」我經常從病患口中聽到這個問題，也能夠理解。我的看法是，食物排除療法應該是最一開始使用的工具，為什麼？一來，過敏、食物敏感及食物不耐，都是不一樣的。沒有哪種檢測可以替你劃分這幾種不同的問題，或告訴你哪些食物該吃、哪些又該避免。只有食物排除療法可以給你這些資訊。有些研究也指出，這種療法對於改善自體免疫疾病可能是有效的[28]。雖然這麼說，但在你把那些會引發食物敏感的常見品項都從生命中驅逐之前，還需要更多臨床試驗確認此療法對於自體免疫疾病的效果。當排除了某些富含營養的食物，像是特定的蔬菜、堅果種子和穀類之後，你可能無意之中也移除掉許多礦物質和維他命，以及有助於腸道恢復健康的纖維。我親眼看過數個月嚴格的飲食排除法，最後導致食物恐懼症、社交孤立、焦慮、菌叢健康更加惡化和營養不足。強烈建議在開始進行之前，先去尋求受過正統訓練的功能醫學營養師，或飲食治療師的協助。

矯正偏誤型免疫表現，比另外三種更複雜一點點。在營養補充品方面，你需要多管齊下：

- 抑制過度的發炎，跟超敏型和悶燃型免疫表現一樣。請參考接下來的建議。
- 阻擋傷害性的Th17細胞活動，它會讓自體免疫疾病中組織損壞的狀況更長久。
- 在過度旺盛的免疫反應上按下關機的按鈕，方法是增加調節T細胞的數量（請記得，這些是舒緩性的T細胞，會讓免疫系統更平衡）。

要達成目標，以下是幾項關鍵的工具：

- 從某些列在悶燃型免疫反應的建議開始執行，像是補充薑黃素、白藜蘆醇及專門促炎症消退介質（SPM），好迅速抑制過度的發炎。
- **維他命D**：前面談過，缺乏維他命D可能是發展出自體免疫疾病和發炎的風險因素，因此，擁有健康充足的維他命D是很重要的。它會提高調節T細胞的數量，這正是偏誤型免疫表現所需要的。目標濃度是每毫升血清中50到80奈升的程度。請記得從醫生那裡取得你的起始點，並且持續使用五到八週。建議劑量：如果你不知道自己的濃度是多少，那安全的起始劑量是每天2,000到4,000個國際單位。如果濃度低於每毫升30奈升，那每天可能需要大於10,000國際單位。測試就是關鍵所在。

- **維他命A：**我在第9章談過維他命A抗氧化的角色，對於偏誤型免疫表現的朋友們而言，這個營養素超級重要。因為它會大幅增加調節T細胞的數量[29]，尤其是在腸道內，通常自體免疫問題就是從這裡開始的。維他命A也有助於治療會驅動自體免疫的食物敏感問題，還可以阻擋會摧毀身體組織的Th17細胞[30]。建議劑量：每日5,000到10,000毫克，跟食物一同服用（注意：維他命A濃度過高的話可能會產生毒性，因此要確定你吃的其他營養品不含有維他命A，尤其是孕期的婦女，每日超過25,000國際單位的量，可能導致新生兒先天缺陷。世界衛生組織也不建議孕期婦女攝取任何的維他命A[31]，也因此，大部分孕婦維他命都只會含有β-胡蘿蔔素）。
- **黃芩：**黃芩苷是知名中藥材黃芩中的活性物質，在自然醫學界相當知名，因為它有抗氧化的效果。此外，也能有效阻止自體免疫活動，因為它可以阻擋發炎性細胞激素，像是白血球介素-6及腫瘤壞死因子-α[32]，並阻斷Th17細胞[33]。研究顯示，黃芩對於治療關節炎、潰瘍性結腸炎和乾癬都有效[34][35]。另外，它還有很強的抗病毒效果，當自體免疫疾病被一些潛在的病毒感染（像是EB病毒）所激發時，黃芩會是很好的選擇。建議劑量：每日兩次，每次500毫克。
- **麩胱甘肽：**麩胱甘肽可謂是體內最重要的抗氧化物質，因此也常常被稱為「抗氧化物之王」，它可以中和掉細胞內那些極度具有傷害性、免疫活動，解毒甚至是日常產生能量時所製造的自由基。麩胱甘肽有助於像是維他命C和E等抗氧化物的再利用，這些對於氧化壓力具有保護作用。此外，它也能幫助調節T細胞維護其削弱過剩免疫反應的功能[36]，在動物模型中，麩胱甘肽更可以減少類風濕關節炎抗體，並常被用來追蹤疾病活動[37]。對於偏誤型免疫表現的人身體組織所受的傷害，麩胱甘肽是必要性的存在。

那麼，從哪邊取得這種厲害的物質呢？我們的身體會用像是半胱胺酸、麩醯胺酸、甘胺酸這些胺基酸和硫來製造，而這些材料在十字花科的蔬菜中都可以找到，像是高麗菜、綠花椰菜和羽衣甘藍。麩胱甘肽幾乎對所有人都有益處，但偏誤型免疫反應的氧化壓力、組織受損及發炎真的太嚴重了，因此更建議加強補充。而不需要破費又能補充麩胱甘肽最好的方法，就是服用乙醯半胱胺酸，也叫做NAC，是麩胱甘肽最重要的前身，讓你在狀況不好時，可以供給所需。NAC的建議劑量：每日600到1,200毫克。

自行服用麩胱甘肽雖然沒問題，但有幾個警告事項：口服的吸收成效並不好，而且很貴，聞起來還很像臭掉的蛋。儘管如此，它已經有舌下錠及微脂粒藥品（一種新型的藥物製劑）的形式，以改善吸收成效。建議劑量：每日兩次，每次500毫克。

- **冬蟲夏草：**因為抗老化及保養心臟的效果而頗受重視。它也有抗發炎的效果，對自體免疫疾病患者來說相當有用，可以增加調節T細胞相對於Th17所占的比例。有一種名為百令膠囊的藥品，就是用冬蟲夏草做成的，且已證實每日服用三次有助於改善自體免疫甲狀腺疾病重症患者的各項指標[38]。雖然這種藥只在中國找得到，但合成的冬蟲夏草則是普遍都可以取得。建議劑量：每日1,000毫克。

- **雷公藤**：又名黃藤，是知名的中藥材，含有名為雷公藤紅素的活性物質，在許多臨床試驗中都受到評估，並且發現它對於治療乾癬、狼瘡、類風濕性關節炎及潰瘍性結腸炎等多種疾病都有效[39]。雷公藤可以預防類風濕性關節炎中的骨質及軟骨受損，在克隆氏症患者身上，也發現它在預防術後復發的效果，堪比常見的藥物移護寧。之所以有這樣的功能，是由於它可以阻斷多個發炎路徑，並且引導T細胞的極化遠離Th17的產生[40]。建議劑量：由於雷公藤並未被標準化，因此並沒有確切的建議劑量，不過對克隆氏症患者而言，有效劑量是每公斤體重1.5毫克。建議你詢問中藥專家以找出合適的劑量。
- **熊果酸**：這是另一種越來越受到關注的化合物，因為它可以有效阻止自體免疫疾病。在動物研究中發現，熊果酸能夠降低自體免疫性關節炎的疾病指標，以及Th17細胞濃度，進而減少此類疾病的發生[41]。這種自然的化合物存在於蘋果皮中，也能在像是奧勒岡草、巴西里、百里香及迷迭香等香草植物中找到。建議劑量：每日300毫克。

由於每個人免疫系統失衡的狀況都是獨特的，免疫修復計畫應該要因應你個人的需求來進行，於是下個章節可能是全書最重要的一章。有太多健康類書籍都會丟給你一大堆建議，字裡行間塞滿了各種營養品、食物、生活習慣及運動，但實際上該做些什麼卻隻字未提。我沒有預期工具包裡的每項建議你都照著做、每種營養品你都去吃。事實上，**從睡眠、壓力、腸道健康、毒素及營養的章節中各挑一項建議去做，並把這五個面向融入日常生活中，成效會是最好的**。除此之外，從符合你免疫表現的三種營養補充品開始服用，而且至少持續三十天，再來判斷成效。等你對新的生活習慣感到自在時，就可以把工具包的其他建議和營養品再加入日常生活當中。

Chapter 11

免疫修復計畫懶人包

我的目標，是確保你理解Part 2中的所有內容後付諸執行，並對未來的健康感到充滿活力、自信及安全。不過，我承認資訊量真的有點龐大，於是最後編寫了這個章節。在此，我會要你填寫一份免疫計畫懶人包，協助你從每個章節中挑出要執行的建議，像是睡眠、壓力、腸道健康、毒素及營養等方面，並選擇免疫修復計畫的第一個三十天要加到飲食裡的營養補充品。如此一來，你就很清楚自己要往哪條路前進。在這三十天內，如果需要回溯一下記憶，或督促自己按照計畫執行的話，也可以參考這個懶人包。

有些格子是空白的，那不是印刷錯誤！我已經先填好了每個免疫表現型在剛開始的三十天，都應該採取的初步行動。接著，我留了一些空間，讓你從Part 2中的每個章節都挑出一項覺得最可行的建議填入。請記得，如果你有一種以上的免疫表現型，先按照最主要類型的計畫執行。在三十天的尾聲，你隨時都可以重做四種免疫表現型測驗，看看自己的主要類型是否改變了，並攻略下一份修復計畫。

為什麼要這麼做？因為所謂的個人化，不僅僅只是分類成幾個免疫表現型而已，每個人都有不同的習慣、挑戰、行程、預算及優先順序。在這個章節，我並沒有要開立一份必須徹底改變生活才能執行的計畫，而是協助你用對自己最有效的方法，使免疫系統重歸平衡，同時也不會感覺彷彿逆流而上那般辛苦。

制定個人化的免疫修復計畫

要製作免疫修復計畫懶人包，第一步就是找到符合你主要免疫表現型的那張表格，看看我已經幫你填好的那些資訊，接著回去閱讀 Part 2的工具包，從五個章節中分別選出你覺得（三十天內）最可行的一項建議，寫在空白處。你可能會想要在每個生活習慣都採納更多行動項目，但我強烈建議最開始的三十天，先專注在一項行動上，比較容易養成習慣。接下來，如果你感覺自在的話，下一個三十天再從工具包挑出第二項建議加入計畫中，以此類推。另外要記得，第一個三十天，你可以從最多三種營養補充品開始嘗試，並至少要連續服用六十天，再加入更多。

虛弱型免疫表現	
目標：提高Th1細胞及細胞激素的數量，進而提升免疫力，並增加B細胞的活動力，以及生產抗體與自然殺手細胞的能力。	
優先改善的生活習慣：睡眠	營養補充品（持續60天）
-睡前兩小時避免使用藍光。	1. 褪黑激素，睡前一小時服用3毫克。
	2.
	3.
	4.
改善其他生活習慣：	
如何減少壓力（從第6章的工具包中選擇1項建議）：	
如何投資腸道健康（從第7章的工具包中選擇1項建議）：	
如何對生活進行排毒（從第8章的工具包中選擇1項建議）：	
如何改善營養攝取（從第9章的工具包中選擇1項建議）：	

<table>
<tr><th colspan="2">悶燃型免疫表現</th></tr>
<tr><td colspan="2">目標：解除造成發炎的原因，並加速發炎反應的消退，以預防慢性免疫活化的循環。</td></tr>
<tr><th>優先改善的生活習慣：營養</th><th>營養補充品（持續60天）</th></tr>
<tr><td>-減少糖分添加物。</td><td>1.薑黃素，每日2次，每次1,000毫克，跟食物一起服用。</td></tr>
<tr><td></td><td>2.</td></tr>
<tr><td></td><td>3.</td></tr>
<tr><td></td><td>4.</td></tr>
<tr><th>改善其他生活習慣：</th><td></td></tr>
<tr><td colspan="2">如何最佳化睡眠（從第5章的工具包中選擇1項建議）：</td></tr>
<tr><td colspan="2"></td></tr>
<tr><td colspan="2">如何減少壓力（從第6章的工具包中選擇1項建議）：</td></tr>
<tr><td colspan="2"></td></tr>
<tr><td colspan="2">如何投資腸道健康（從第7章的工具包中選擇1項建議）：</td></tr>
<tr><td colspan="2"></td></tr>
<tr><td colspan="2">如何對生活進行排毒（從第8章的工具包中選擇1項建議）：</td></tr>
<tr><td colspan="2"></td></tr>
</table>

<table>
<tr><th colspan="2">超敏型免疫反應</th></tr>
<tr><td colspan="2">目標：提高Th1細胞及細胞激素的數量，進而提升免疫力，並增加B細胞的活動力，以及生產抗體與自然殺手細胞的能力。</td></tr>
<tr><th>優先改善的生活習慣：毒素</th><th>營養補充品（持續60天）</th></tr>
<tr><td>-清理你的清潔用品。</td><td>1. 槲皮素，每日2次，每次1,000毫克，跟食物一起服用。</td></tr>
<tr><td></td><td>2.</td></tr>
<tr><td></td><td>3.</td></tr>
<tr><td></td><td>4.</td></tr>
<tr><th>改善其他生活習慣：</th><td></td></tr>
<tr><td colspan="2">如何最佳化睡眠（從第5章的工具包中選擇1項建議）：</td></tr>
<tr><td colspan="2"></td></tr>
<tr><td colspan="2">如何減少壓力（從第6章的工具包中選擇1項建議）：</td></tr>
<tr><td colspan="2"></td></tr>
<tr><td colspan="2">如何投資腸道健康（從第7章的工具包中選擇1項建議）：</td></tr>
<tr><td colspan="2"></td></tr>
<tr><td colspan="2">如何改善營養攝取（從第9章的工具包中選擇1項建議）：</td></tr>
<tr><td colspan="2"></td></tr>
</table>

偏誤型免疫表現	
目標：降低過度的發炎；阻擋具有傷害性的Th17細胞活動，這種細胞活動會延長自體免疫疾病中組織受損的狀況；還要提升調節T細胞數量，在過剩的免疫反應上按下關機按鈕。	
優先改善的生活習慣：腸道健康	營養補充品（持續60天）
-進行食物排除療法。	1.維他命D，每天至少2,000國際單位，跟食物一起服用。
	2.
	3.
	4.
改善其他生活習慣：	
如何最佳化睡眠（從第5章的工具包中選擇1項建議）：	
如何減少壓力（從第6章的工具包中選擇1項建議）：	
如何對生活進行排毒（從第8章的工具包中選擇1項建議）：	
如何改善營養攝取（從第9章的工具包中選擇1項建議）：	

》》開始進行免疫修復計畫時，應該要有怎樣的期待

等你填好免疫修復計畫懶人包之後，就可以準備進入第一個三十天了。在開始之前，還有什麼是你該知道的呢？

首先，我建議用日記或數位行事曆來記錄你的進展，以及過程中的感受。如果沒有多加注意的話，很容易忽略身體狀況及健康上小小的進步。記錄症狀能夠提醒你留意這些，而不會灰心氣餒。

再來請記得，**你會發展出某個免疫表現型，是至少經過幾個月、甚至數年的累積，因此耐住性子是很重要的。**這份免疫修復計畫以三十天為單位，但並不是一份排毒或淨化身體的計畫，而是長期生活習慣改變的一個出發點。我建議第一個三十天不要把注意力都放在目標上，而是建立感覺可行的習慣。持續做下去，長此以往，你就會注意到身體的發炎漸漸減少、精神變好，症狀也改善了。

我知道這乍看之下似乎很緩慢，但會比較容易養成新的習慣，畢竟不可能一夜之間就發生天翻地覆的變化。小小的改變會逐漸累積，然後不知不覺間，你就會感覺狀況極佳。事實上研究顯示，要養成新習慣並能長久持續下去，平均需要六十六天。多數人都有一些根深蒂固且不那麼健康的習慣，而且已經行之有年，所以對自己寬容一些吧。

形塑你未來健康的，其實是日常習慣所產生的複利。就像《原子習慣》的作者詹姆斯．克利爾所說的：「在你跨過了一個關鍵的門

檻、解鎖了新的表現等級之前，習慣常常看起來沒造成什麼影響。」我每天都在病患身上看到這樣的現象。當你覺得很不舒服，而且長久以來一直都是如此的時候，好的結果可能看似遙不可及。很多人都感到困惑、不知道該怎麼做，醫生也沒有給他們帶來什麼希望。他們或許跟你一樣，嘗試過在部落格讀到的飲食法、試過一陣子可以「增強」免疫力的幾種維他命，但因為感覺不到任何改變，於是就放棄了。這些我都能理解，也是為什麼我要把讓免疫系統重新復活且重歸平衡最有用的方法濃縮成書。

如果真的有什麼神奇藥丸可收立竿見影之效、馬上改變免疫系統的健康，那就太棒了，但這種方法並不存在。不過，如果你按照書中的方法執行，並對自己和身體保持耐心，改變會出現的。我一次又一次見證那些持續堅持、相信身體天生治癒力的病人跨越那道門檻，並且發生轉變。

》》》化驗報告及四種免疫表現型

做過四種免疫表現型測驗後，你現在應該很清楚自己主要及次要的表現型是什麼了。而你可能在想，有沒有辦法確認這份測驗的結果是準確的？在我的診間內，通常會用病患的病史和當下的症狀，去診斷他們的免疫表現型，跟進行免疫測驗很像，但也會用血液檢查來確認診斷結果。雖然我顯然不可能替這本書的每位讀者開立檢查單，但可以介紹一下我會對每種免疫表現所進行的檢查，你就能擁有正確的資訊，並跟醫生一起合作確認個人的免疫表現型。這並不是一定得做的，但如果你在超過一種免疫表現上都拿到很高的分數，或在兩種表現型上獲得一樣的分數，又或者單純想要確認結果，這些檢測項目都會有幫助的。讓實驗室化驗並確認你的表現型，也有助於你敦促自己持續執行可以帶來健康生活習慣的改變，這也是追蹤自己進展的方法之一。

廢話不多說，接著就來介紹我分別會推薦給四種免疫表現型的檢測項目。

■ 虛弱型免疫表現的檢測項目

- **全套血液檢查：**又稱為CBC，是貧血篩檢中固定會做的項目。這項檢測也會量測你整體的白血球數量，包含嗜中性球、單核白血球（巨噬細胞小時候）及淋巴球（T細胞和B細胞的總稱）。如果白血球數量整體偏低，或淋巴球和嗜中性球比例偏低，就是在告訴你哪裡可能有問題的。我建議每種免疫表現型都去做全套檢驗。
- **CD4／CD8比例檢查：**這項檢查會測量體內輔助T細胞跟殺手T細胞的比例。在愛滋問題中，輔助T細胞數量低下，代表病毒正在摧毀免疫系統，是個很不好的徵兆。而CD4受體數量低下，是免疫系統老化速度過快的跡象，換句話說，年長者體內CD4受體數量正常，也就代表免疫系統很堅固。瑞典有一份針對年屆百歲且身體健康的長者所進行的研究，發現他們CD4／CD8的比例就跟年輕人一樣[1]。正常值應該要在1.5

到2.5之間或以上。

- **免疫球蛋白檢查：**這可以檢查抗體的供給狀況。它不會告訴你是否具有對特定感染的保護力，而是體內有多少原材料可運用。雖然不常見，但會出現有些成年人儘管健康狀況不錯，整體免疫球蛋白G或A數量卻低到臨界值邊緣的情況。這很重要，因為免疫球蛋白G是一組防止我們發生慢性感染的抗體；免疫球蛋白A則保護呼吸道及消化道表面。免疫球蛋白G低下可能會產生非常嚴重的問題，但如果需要的話，可以長期使用他人捐贈的靜脈注射免疫球蛋白進行治療。而免疫球蛋白A低下就無法治療了，但這沒那麼嚴重。知道自己的狀況會讓你格外小心，避免生病。
- **人類疱疹病毒第四型（EB病毒）抗體檢查：**世界上約有90%的人都曾經感染EB病毒，它是造成傳染性單核白血球增多症的罪魁禍首，通常發生在兒童或青少年身上。因此多數的人都擁有此抗體，即便我們可能不記得生過病，都是很正常的。但是，如果在一項名為早期抗原D（early antigen D）的檢查中數值偏高，可能意味著病毒又重新活化、增生，代表免疫系統能力低下，抑制不住病毒。

■ 悶燃型免疫表現的檢測項目

- **C-反應蛋白：**這是針對發炎最佳的檢查項目之一。可以的話，請特別要求進行高靈敏度C-反應蛋白的檢查，靈敏度比較高，特別是對於血管中的發炎。它會檢測促發炎細胞激素——白血球介素-6的濃度。正常值應低於每公升3毫克。

- **糖化血色素：**在接受檢測當天，血糖濃度的單次測試結果可能會是正常的。糖化血色素是比較好的檢查方式，因為會給你最近九十天的平均血糖值。正常的糖化血色素應低於5.7%。
- **氧化低密度脂蛋白：**這個檢查呈現濃度很高的話，表示膽固醇粒子受到傷害或氧化了。氧化低密度脂蛋白會刺激發炎，尤其是血管內的發炎。這個項目整體而言，也是心臟及冠狀動脈疾病很好的預測性檢查。正常值應低於60 U/L。

■ 超敏型免疫表現的檢測項目

超敏型免疫表現的檢測項目，大部分是在尋找Th2主宰的徵兆，而這可以透過下列這些檢查得知：

- **嗜酸性白血球計數：**這在標準的全套血液檢查中就會做了，如果數值很高的話，可能是過敏或感染寄生蟲的徵兆。只要高於3%都算是異常。
- **免疫球蛋白E檢查：**如果數值過高，絕對跟超敏型免疫表現相關。正常值應低於每毫升114 kU/L。
- **寄生蟲：**由於寄生蟲增生的方式，就算你已經感染了，糞便檢查也可能看不出來。但糞便檢查中若出現寄生蟲的話，就代表變成Th2主宰的情況。

糞便檢查到底看得出什麼？

根據檢驗的實驗室不同，從糞便檢查中獲得的資訊也會大相逕庭。大部分美國國立連鎖的檢驗單位都會對糞便進行不同細菌感染的檢查，像是幽門螺旋桿菌、沙門氏菌、困難梭狀芽孢桿菌、寄生蟲及一些病毒。但有些專門的檢驗公司會有更完整的、一次全包的檢測，可以評估真實的情況。這些檢查能幫助你獲得的資訊有：

- 你的腸道發炎有多嚴重。
- 你對於脂肪、蛋白質，以及碳水化合物的消化能力如何。
- 你有多少益菌，以及它們呈現什麼樣的模式。
- 你有多少病原細菌和寄生蟲。

整體而言，這些檢驗會對腸道健康進行深入的分析。當你試圖翻轉自己的免疫健康時，這會是很重要的資訊。

■ 偏誤型免疫表現的檢測項目

- **全套血液檢查**：就像我在虛弱型免疫表現檢測項目提到的，這個簡單的血液檢查可以提供很多資訊。如果你看到Th17活動增加，這項轉變代表嗜中性球數量變多，而這種白血球細胞總是跟損害自體組織有關。
- **維他命D濃度（25-羥基維他命D）**：維他命D對於免疫調節很重要，而且缺乏維他命D，跟自體免疫疾病的發生有關。濃度介於每毫升50至80奈克之間是最健康的。經常會有人僅僅因為你的濃度沒有掉到更寬的檢測標準值之外（每毫升30至100奈克之間），就說你的數據很正常。靠近30奈克對於骨骼健康是足夠的，但要讓免疫健康能夠得到最佳的狀況，必須以更高的濃度為目標。針對預防病毒感染的研究指出，高濃度的維他命D是必要的[2]。事實上，維他命D濃度低下，已證實跟流感及新冠肺炎的致死率提高有所相關[3]。但如果攝取過多的話，也會有維生素D中毒的風險，不過很罕見就是了。建議你在服用營養補充品之後八週再去檢查維他命D濃度，確保自己在正常值範圍內。
- **C-反應蛋白**：就跟悶燃型免疫表現一樣，我都會想要檢查C-反應蛋白的濃度，因為當Th17細胞活動，以及白血球介素-6這個具有毀滅性的細胞激素增加的時候，C-反應蛋白的濃度都會提高。

- **一般的自體免疫抗體檢查：**我主持了一個專家小組，專門檢測幾種自體免疫抗體。對於某些人來說，抗體可能在症狀爆發的多年以前就已經出現了。
  - a. **抗核抗體（ANA）：**最重要的檢測之一，它是針對我們細胞核內容物的抗體。抗核抗體在狼瘡及其他幾種疾病中的數值都會偏高。
  - b. **甲狀腺過氧化酶抗體（Anti-TPO）與甲狀腺球蛋白抗體（anti-thyroglobulin）：**兩者在自體免疫型甲狀腺疾病中會偏高。
  - c. **乳糜瀉抗體（Celiac antibodies）：**乳糜瀉篩檢是很重要的，包含組織轉穀氨酰胺酶IgA抗體（tTG-IgA）、肌內膜抗體IgA（EMA）及免疫球蛋白A和G的濃度。如果整體免疫球蛋白A和G的濃度偏低，不只代表有深層的免疫缺乏問題，也會讓針對乳糜瀉和其他感染的篩檢結果不那麼準確。
  - d. **病毒抗體：**皰疹家族病毒的抗體濃度，如EB病毒、單純皰疹病毒（HSV）和巨細胞病毒（CMV），可能在偏誤型免疫表現中升高，並繼續推動發炎反應。
- **免疫球蛋白G食物敏感性檢查，以及糞便微生物菌叢檢查：**這比較難在基層醫生那邊檢查，但你可以請功能醫療的從業人員幫忙。自體免疫疾病的患者會出現腸漏，以及經常性的食物敏感現象。辨別會讓自己過敏的食物並停止攝取是很重要的，因為那只會讓發炎加劇。最後，全面性的糞便檢查能夠偵測到發炎及腸道中隱藏性的感染，像是寄生蟲和幽門螺旋桿菌，還有健康微生物菌叢的分布模式。這些因素都對於引發疾病及讓症狀持續發生，有很大的影響力。

這些檢查項目可以帶來很大的幫助，但我想要說清楚，在進行任何調整免疫平衡的計畫之前，你並不一定需要這些測驗結果的佐證。請記得，雖然大部分的檢查都可以在主流的檢驗機構進行，但有些只有特定的檢驗單位能夠執行，而且可能不在保險給付範圍內。

》》》免疫修復計畫的除錯

當你開始進行免疫修復計畫，就一定會遇到挑戰，不管是計畫本身或自己的執行動力。我幫助過很多病患進行類似的生活習慣調整，於是預測了一下你可能會遇到的問題，並提出最佳的建議，告訴你該怎麼克服。

■ 如果喪失動力該怎麼辦？

如果對你來說，完成免疫修復計畫很困難，那我有幾個不同的建議。首先，我理解改變可能不是那麼容易，特別是那些能帶給我們短期慰藉的東西，比如說食物。習慣是根深蒂固的，當你要試著改變時，可能會因此感到難以招架，甚至引發焦慮。如果第一個三十天就讓你覺得困難的話，建議你：

- **打個電話給朋友：**跟朋友一起進行免疫修復計畫，可以讓你保持動力，整個過程也會更有趣，更同時幫助你喜愛的人們改善健康。
- **仰賴健康教練：**健康教練是最被低估的健康相關職業之一，他們可以協助你保持動力，好好執行該做的事。只是要確認他們受過相關訓練，並持有證照（「健康教練」不是個受到管制的頭銜，每個人都可以自稱是健康教練，即便根本沒受過正式訓練）。健康教練最好的一點是，很多都可以提供電話或線上諮詢，所以你可以不受限於地點，找到最適合你的一位。
- **把你的「為什麼」寫出來：**你拿起這本書是有原因的。可能是你已經厭倦辦公室只要有人感冒咳嗽，你就會中標；可能你每天都因為某種自體免疫問題，而得要忍受疼痛；可能是過敏已經嚴重到你想搬到別的地方去了。不管你的「為什麼」是哪一個，都把它寫出來，放在一封給自己的信裡，每個星期讀一次。這會讓你重新獲得動力，幫助你保有信心。

■ 如果不確定自己的免疫表現型，該怎麼辦？

你可以重做四種免疫表現型測驗，作答時越誠實越好。或者去進行我建議的相關檢查，這會讓你獲得更多資訊，也可以參考第5到9章的內容，那對每一種免疫表現都有幫助。可以先開始服用針對你免疫表現型提出的營養補充品，但如果六十天後並不覺得健康有任何改善，就去找醫療專業人員做進一步的評估。

■ 如果在開始免疫修復計畫後更不舒服，該怎麼辦？

在你開始好轉之前，是有可能體驗更不舒服的過程，但應該要在合理範圍內。有時候，當你排除了一些食物，像是糖分、小麥、乳製品及含咖啡因飲料的時候，會經歷一點戒斷症狀。可能會有點痠痛、搔癢及疲倦，在幾天到幾週內，也會非常想吃糖或其他食物。這都是正常的，不正常的狀況是疼痛、腸道問題增加或症狀惡化，特別是慢性疾病的症狀。如果有這類狀況的話，所有的營養補充品都不要再吃了，趕快去諮詢醫生。

■ 如果對營養補充品有疑慮的話，該怎麼辦？

營養補充品在這幾年名聲確實有點可議，也必須承認，比起替你的健康提供補給，這個產業有些人對於從你的口袋賺到錢更感興趣。雖然如此，還是有一些品牌致力於製造最高品質的產品，我也的確認為要讓免疫表現重回平衡，營養補充品是很重要的一部分。如果你決定要放棄營養補充品的話，那就試著盡可能多食用可以提供這些營養素的食物及蔬果，這樣還是可以穫得極大效益的。

■ 如果醫生不支持的話，該怎麼辦？

很不幸地，許多醫生都會告訴你，營養及生活習慣的改變不會影響到健康。如果醫生試著要讓你從養成更健康的生活習慣打退堂鼓的話，就回去閱讀第1章第32頁，標題為「好消息：後天調理＞先天體質」的那個部分，我列出了相關數據，證明健康的生活習慣，毫無疑問地可以預防並減少健康問題。好的醫生會支持你的努力，如果他們還是反對，可能是時候要聽聽別人的意見了。

》》第一個三十天完成了，然後呢？

感覺如何？先好好稱讚自己完成了三十天打擊壞習慣、養成新習慣的計畫吧，並利用這個機會評估一下整體的感覺如何。你有注意到任何精神、心情、消化或其他症狀上的改變嗎？你覺得發炎有變少嗎？回去檢視你的工具包，從每個類別中再選一個新的生活習慣改變，並在接下來的一個月內好好執行；只是要注意，不要讓第一個月培養的新習慣不見了。如果在開始執行前，檢查報告中有異常的數據，請在實行計畫六十天後再去檢查一次，尤其是你有服用像是維他命D等營養補充品的時候。如果你還是有嚴重的發炎症狀、過敏、自體免疫疾病或其他病症，可以重新審視營養補充品清單，確定已經服用最大劑量了。除此之外，也可以針對你的免疫表現型，再增加一到兩種營養補充品。

第一個三十天結束之後，建議你重新做一次免疫表現測驗，看看自己進步了多少。但我不希望你是做了這份測驗才知道自己變健康了，而是在精神、心情、疼痛感、其他症狀及整體健康上注意到進步和改善。免疫修復計畫被設計成可以持續進行，所以技術上而言，你不需要停止這份計畫。一次又一次地反覆執行，再加上定期重做免疫表現型測驗，看看你主要的免疫類型，是否已經改變了。

結　語

一輩子免疫健康的祕密

這本書是我多年研究、學習及經驗的累積，因此我認真地想了許久，在最後要說些什麼。而我思考的結果是這樣的：你的免疫系統一直都在改變、不斷地適應環境，你每天在選擇要吃什麼、要睡多久及如何管理壓力時，都有很大的機會可以改善你的身體狀況。無論是感受到身體的發炎、過敏或自體免疫疾病，還是常常生病倦怠，執行這份免疫修復計畫，都會讓你踏上通往治癒的路。

我每天都是這樣教導病患的。現在，你讀完了這本書，也有了工具和知識，能夠讓免疫系統運行得像一臺好好上了油、高效率的戰鬥機器。你可能已經開始在生活習慣上做出改變，從每個免疫修復工具包中選擇一、兩項融入生活中；你可能每天晚上都戴著濾藍光眼鏡、服用薑黃素、致力於冥想十五分鐘，以及——我大膽假設——固定在早餐中加入綠色蔬菜。無論你採取了什麼樣的行動，請繼續堅持下去，長此以往，你的身體會湧泉以報，讓你擁有健康的免疫系統、精神更好，並減少發炎、痠痛及疼痛。

我寫這本書的主要目的之一，就是揭開免疫系統的祕密，因為這對一般大眾來說非常令人望而卻步。我的意思是，就算是專家也給不出所有的答案！至今，我還是對人體內這套系統的智慧感到驚艷不已。我們每天都在發現免疫系統更多的奧祕，越來越接近健康最佳化，並且更加長壽的目標。過去幾年有幾項新的發現，包含一種可以保護腦部、有助於預防阿茲海默症的新型巨噬細胞，以及奈米科技的新用法，可以提升免疫耐受度並減少食物過敏，當然也有mRNA疫苗的崛起，以創紀錄的速度攻克了世界性的傳染病。我們也在理解情緒狀態、童年教育和社會連結如何影響我們的復原力，以及這些因素如何向免疫系統傳遞訊息等方面大有進展。在世界充斥著社會動盪和混亂的時期，理解這些資訊對我們的健康至關重要。

科學家和大眾都需要持續探索並理解，氣候變遷、人口成長、動物棲息地的破壞及環境毒素，跟免疫健康息息相關。「新興」病毒對我們而言是新的事件，但已經在地球其他宿主的身上潛伏了好幾百年，慢慢地增生、變異，直到環境發生變化，病毒便開始四散，不偏不倚地來到我們面前。我們也知道，就像我稍微點到的那樣，環境的大幅汙染，正在改變免疫系統的發展及終其一生的運作方式。我們甚至從祖先身上，繼承了好幾世代以前的環境因素改變所造成的表觀遺傳基因變化。人類的身體盡己所能地適應生態系統的改變及外在威脅，但是適應得再快也不過如此。演化上的適應需要數千年的時間才會發生，而地球改變的速度已經快到我們難以跟上的地步了。我說這些不是想讓你感到鬱悶，而是要讓你知道，免疫系統持續受到體內和體外所發生的改變影響著。免疫系統具有絕佳的學習力，也會在我們遇到新的挑戰時持續學習，但同時，我們需要以自己的生活方式，去給予它支持與保護。

無論你現在的狀況有多令人氣餒，我都期盼能帶來希望，讓你理解自己有掌管健康的力量。免疫系統非常錯綜複雜，因此你對於自己身上所發生的事情，似乎沒有控制權。但事實上，讓我最困擾的事情之一，就是別的醫療人員告訴病人除了處方藥之外，沒有別的辦法了，然後要他們接受這個命運。這是不對的。不只是對病人的傷害，對我來說，也展現出那位醫療人員缺乏學習的責任感及欲望。我們一定要跳脫框架去思考，不能只是拘泥於二十年前有效的方法。如果按照那種方式思考的話，現在就不會有IPad、Uber、Venmo（美國行動支付App）、Alexa（亞馬遜開發的智慧型助理）及其他改變生活的進步科技了。

我非常相信現代醫學，但並不會因此放棄人體原本就具備的療癒力量。凱莉・透納博士（Dr. Kelly A. Turner）在其著作《癌症完全緩解的九種力量》（*Radical Remissions*）中，訪問了好幾百位的醫療人員及他們的患者，這些人都是在傳統治療方式讓他們失望後，還是突破重重難關，在癌症中活了下來。

她發現這些活下來的人，常常具有以下的特徵和習慣：

1. 他們改變了自己的飲食習慣。
2. 他們掌握了對自己健康的控制權。
3. 他們跟著自己的直覺走。

4. 他們使用草藥及營養品。

5. 他們釋放了壓抑的情緒。

6. 他們增加了正面的情緒。

7. 他們歡迎社會支持。

8. 他們依靠靈性的連結。

9. 他們有強烈的理由要活下去。

現在，你對免疫系統已經有更深入的瞭解，知道其長處和弱點所在，也清楚自己的免疫表現型，並擁有一份量身訂制的計畫，可以保護、舒緩、強化、導正免疫系統，給予對的養分。我希望你可以藉此達成免疫的平衡，健健康康、長命百歲。

參考文獻

Chapter 01 免疫失調與失控的發炎反應

1. Marineli F, Tsoucalas G, Karamanou M, Androutsos G. Mary Mallon (1869–1938) and the history of typhoid fever. *Ann Gastroenterol.* 2013; 26(2):132–134.
2. Arias E. United States life tables, 2008. Natl Vital Stat Rep. 2012 Sep 24; 61(3):1–63. PMID: 24974590.
3. CDC. Heart Disease Facts. Centers for Disease Control and Prevention. Published September 8, 2020. Accessed April 25, 2021. https://www.cdc.gov/heartdisease/facts.htm.
4. Centers for Disease Control and Prevention. National Diabetes Statistics Report, 2020. Atlanta: Centers for Disease Control and Prevention, U.S. Dept of Health and Human Services, 2020.
5. https://www.cdc.gov/media/releases/2017/p0718-diabetes-report.html.
6. https://www.alz.org/alzheimers-dementia/facts-figures.
7. https://www.cdc.gov/nchs/data/hestat/obesity_adult_07_08/obesity_adult_07_08.pdf.
8. The State of Mental Health in America. Mental Health America. Accessed April 25, 2021. https://www.mhanational.org/issues/state-mental-health-america#Key.
9. Autoimmune Diseases. National Institute of Environmental Health Sciences. Accessed April 25, 2021. https://www.niehs.nih.gov/health/topics/conditions/autoimmune/index.cfm.
10. Anderson G. Chronic care: making the case for ongoing care. Princeton (NJ): Robert Wood Johnson Foundation; 2010. http://www.rwjf.org/content/dam/farm/reports/reports/2010/rwjf54583. Accessed September 1, 2014.
11. Martin CB, Hales CM, Gu Q, Ogden CL. Prescription drug use in the United States, 2015–2016. NCHS Data Brief, no 334. Hyattsville, MD: National Center for Health Statistics. 2019.
12. https://www.cdc.gov/nchs/fastats/drug-use-therapeutic.htm.
13. Brody DJ, Gu Q. Antidepressant use among adults: United States, 2015–2018. NCHS Data Brief, no 377. Hyattsville, MD: National Center for Health Statistics. 2020.
14. Wongrakpanich S, Wongrakpanich A, Melhado K, Rangaswami J. A Comprehensive Review of Non-Steroidal Anti-Inflammatory Drug Use in the Elderly. *Aging Dis.* 2018; 9(1):143–150. Published 2018 Feb 1. doi:10.14336/AD.2017.0306.
15. Centers for Disease Control and Prevention. 2018 Annual Surveillance Report of Drug-Related Risks and Outcomes—United States. Surveillance Special Report. Cen-

ters for Disease Control and Prevention, U.S. Department of Health and Human Services. Published August 31, 2018.
16. Salami JA, Warraich H, Valero-Elizondo J, et al. National Trends in Statin Use and Expenditures in the US Adult Population from 2002 to 2013: Insights from the Medical Expenditure Panel Survey. *JAMA Cardiol.* 2017; 2(1):56–65. doi:10.1001/jamacardio.2016.4700.
17. https://medicine.wustl.edu/news/popular-heartburn-drugs-linked-to-fatal-heart-disease-chronic-kidney-disease-stomach-cancer/#:~:text=More%20than%2015%20million%20Americans%20have%20prescriptions%20for%20PPIs.
18. https://www.drugwatch.com/featured/is-your-heartburn-drug-necessary/#:~:text=PPIs%20come%20with%20rare%20but,even%20when%20they%20shouldn't.
19. Villarroel MA, Blackwell DL, Jen A. Tables of Summary Health Statistics for U.S. Adults: 2018 National Health Interview Survey. National Center for Health Statistics. 2019. Available from: http://www.cdc.gov/nchs/nhis/SHS/tables .htm. SOURCE: NCHS, National Health Interview Survey, 2018.
20. Felger JC. Role of Inflammation in Depression and Treatment Implications. *Handb Exp Pharmacol.* 2019; 250:255–286. doi:10.1007/164_2018_166.
21. Strachan DP. Hay fever, hygiene, and household size. *BMJ.* 1989; 299(6710): 1259–1260. doi:10.1136/bmj.299.6710.1259.
22. Bloomfield SF, Rook GA, Scott EA, Shanahan F, Stanwell-Smith R, Turner P. Time to abandon the hygiene hypothesis: new perspectives on allergic disease, the human microbiome, infectious disease prevention and the role of targeted hygiene. *Perspect Public Health.* 2016; 136(4):213–224.
23. https://www.hsph.harvard.edu/news/hsph-in-the-news/doctors-nutrition-education/#:~:text=%E2%80%9CToday%2C%20most%20medical%20schools%20in,in%20nutrition%2C%20it's%20a%20scandal.
24. http://www.imperial.ac.uk/news/177778/eating-more-fruits-vegetables-prevent-millions/.
25. Liu YZ, Wang YX, Jiang CL. Inflammation: The Common Pathway of Stress-Related Diseases. *Front Hum Neurosci.* 2017; 11:316. Published 2017 Jun 20. doi:10.3389/fnhum.2017.00316.
26. https://health.clevelandclinic.org/how-environmental-toxins-can-impact-your-health/.
27. Yang Q, Zhang Z, Gregg EW, Flanders WD, Merritt R, Hu FB. Added sugar intake and cardiovascular diseases mortality among US adults. JAMA Intern Med. 2014;174(4):516–524. doi:10.1001/jamainternmed.2013.13563.
28. Moling O, Gandini L. Sugar and the Mosaic of Autoimmunity. *Am J Case Rep.* 2019; 20:1364–1368. Published 2019 Sep 15. doi:10.12659/AJCR.915703.

29. Prossegger J, Huber D, Grafetstatter C, et al. Winter Exercise Reduces Allergic Airway Inflammation: A Randomized Controlled Study. *Int J Environ Res Public Health*. 2019; 16(11):2040. Published 2019 Jun 8. doi:10.3390/ijerph16112040.

Chapter 02 瞭解你的免疫大軍

1. Carvalheiro H, Duarte C, Silva-Cardoso S, da Silva JAP, Souto-Carneiro, MM. (2015), CD8+ T Cell Profiles in Patients with Rheumatoid Arthritis and Their Relationship to Disease Activity. *Arthritis & Rheumatology*, 67: 363–371.
2. Pender MP. "CD8+ T-Cell Deficiency, Epstein-Barr Virus Infection, Vitamin D Deficiency, and Steps to Autoimmunity: A Unifying Hypothesis." *Autoimmune Diseases*, vol. 2012, Article ID 189096, 16 pages, 2012.

Chapter 03 慢性發炎：免疫系統失衡的核心

1. Ciaccia L. Fundamentals of Inflammation. *Yale J Biol Med*. 2011; 84(1): 64–65.
2. Micha R, Mozaffarian D. Saturated fat and cardiometabolic risk factors, coronary heart disease, stroke, and diabetes: a fresh look at the evidence. *Lipids*. 2010; 45(10):893–905. doi:10.1007/s11745-010-3393-4.
3. Dhaka V, Gulia N, Ahlawat KS, Khatkar BS. Trans fats-sources, health risks and alternative approach: A review. *Journal of Food Science and Technology*. 2011 Oct;48(5):534–541. doi: 10.1007/s13197-010-0225-8.
4. Yang Q, Zhang Z, Gregg EW, Flanders WD, Merritt R, Hu FB. Added Sugar Intake and Cardiovascular Diseases Mortality Among US Adults. *JAMA Intern Med*. 2014; 174(4):516–524. doi:10.1001/jamainternmed.2013.13563.
5. Singer K, DelProposto J, Morris DL, et al. Diet-induced obesity promotes myelopoiesis in hematopoietic stem cells. *Mol Metab*. 2014; 3(6):664–675. Published 2014 Jul 10. doi:10.1016/j.molmet.2014.06.005.
6. Basaranoglu M, Basaranoglu G, Bugianesi E. Carbohydrate intake and nonalcoholic fatty liver disease: fructose as a weapon of mass destruction. *Hepatobiliary Surg Nutr*. 2015; 4(2):109–116. doi:10.3978/j.issn.2304-3881.2014 .11.05.
7. Sarkar D, Jung MK, Wang HJ. Alcohol and the Immune System. *Alcohol Res*. 2015; 37(2):153–155.
8. Alexopoulos N, Katritsis D, Raggi P. Visceral adipose tissue as a source of inflammation and promoter of atherosclerosis. *Atherosclerosis*. 2014; 233(1):104–112. doi:10.1016/

j.atherosclerosis.2013.12.023.

9. Veldhuijzen van Zanten JJCS, Ring C, Carroll D, et al. Increased C reactive protein in response to acute stress in patients with rheumatoid arthritis. *Annals of the Rheumatic Diseases* 2005; 64:1299–1304.
10. Falconer CL, Cooper AR, Walhin JP, et al. Sedentary time and markers of inflammation in people with newly diagnosed type 2 diabetes. *Nutr Metab Cardiovasc Dis.* 2014; 24(9):956–962. doi:10.1016/j.numecd.2014.03.009.
11. Gao N, Xu W, Ji J, et al. Lung function and systemic inflammation associated with short-term air pollution exposure in chronic obstructive pulmonary disease patients in Beijing, China. *Environ Health* 19, 12 (2020). https://doi.org/10.1186/s12940-020-0568-1.
12. Rizzetto L, Fava F, Tuohy KM, Selmi C. Connecting the immune system, systemic chronic inflammation and the gut microbiome: The role of sex. *J Autoimmun.* 2018; 92:12–34. doi:10.1016/j.jaut.2018.05.008.
13. Roivainen M, Viik-Kajander M, Palosuo T, et al. Infections, inflammation, and the risk of coronary heart disease. *Circulation.* 2000; 101(3):252–257. doi:10.1161/01.cir.101.3.252.
14. Pothineni NVK, Subramany S, Kuriakose K, Shirazi LF, Romeo F, Shah PK, Mehta JL. Infections, atherosclerosis, and coronary heart disease, *European Heart Journal*, 2017; 38(43) :3195–3201. https://doi.org/10.1093/eurheartj/ehx362.
15. Rose NR. Infection, mimics, and autoimmune disease. *J Clin Invest.* 2001; 107(8):943–944. doi:10.1172/JCI12673.
16. Cunningham MW. Pathogenesis of Group A Streptococcal Infections. *Clinical Microbiology Reviews* Jul 2000, 13 (3) 470–511. doi: 10.1128/CMR.13.3.470.
17. James JA, Robertson JM. Lupus and Epstein-Barr. *Curr Opin Rheumatol.* 2012; 24(4):383–388. doi:10.1097/BOR.0b013e3283535801.
18. Singh SK, Girschick HJ. Lyme borreliosis: from infection to autoimmunity. *Clin Microbiol Infect.* 2004; 10(7):598–614. doi:10.1111/j.1469-0691.2004.00895.x.
19. Kalish RA, Leong JM, Steere AC. Association of treatment-resistant chronic Lyme arthritis with HLA-DR4 and antibody reactivity to OspA and OspB of Borrelia burgdorferi. *Infect Immun.* 1993; 61(7):2774-2779.doi:10.1128/IAI.61.7.2774-2779.1993.
20. Liu Y, Sawalha AH, Lu Q. COVID-19 and autoimmune diseases. *Curr Opin Rheumatol.* 2021; 33(2):155–162. doi:10.1097/BOR.0000000000000776.
21. Rehman S, Majeed T, Ansari MA, Al-Suhaimi EA. Syndrome resembling Kawasaki disease in COVID-19 asymptomatic children. *J Infect Public Health.* 2020; 13(12):1830–1832. doi:10.1016/j.jiph.2020.08.003.
22. Saad MA, Alfishawy M, Nassar M, Mohamed M, Esene IN, and Elbendary A,

COVID-19 and Autoimmune Diseases: A Systematic Review of Reported Cases, *Current Rheumatology Reviews* (2021) 17:193. https://doi.org/10.2174/1573397116666201029155856.

23. Wang EY, Mao T, Klein J, et al. Diverse Functional Autoantibodies in Patients with COVID-19. Preprint. *medRxiv*. 2020; 2020.12.10.20247205. Published 2020 Dec 12. doi:10.1101/2020.12.10.20247205.
24. Rubin R. As Their Numbers Grow, COVID-19 "Long Haulers" Stump Experts. *JAMA*. 2020; 324(14):1381–1383. doi:10.1001/jama.2020.17709.
25. Mizushima N, Levine B, Cuervo AM, Klionsky DJ. Autophagy fights disease through cellular self-digestion. *Nature*. 2008; 451(7182):1069–1075.doi:10.1038/nature06639.
26. Levine B, Deretic V. Unveiling the roles of autophagy in innate and adaptive immunity. *Nat Rev Immunol*. 2007; 7(10):767–777. doi:10.1038/nri2161.
27. Funderburk SF, Marcellino BK, Yue Z. Cell "self-eating" (autophagy) mechanism in Alzheimer's disease. *Mt Sinai J Med*. 2010; 77(1):59–68. doi:10.1002/msj.20161.
28. Lunemann, J, Munz, C. Autophagy in CD4+ T-cell immunity and tolerance. *Cell Death Differ* 16, 79–86 (2009). https://doi.org/10.1038/cdd.2008.113.
29. Yun CW, Lee SH. The Roles of Autophagy in Cancer. *Int J Mol Sci*. 2018; 19(11):3466. Published 2018 Nov 5. doi:10.3390/ijms19113466.
30. Nakamura S, Yoshimori T. Autophagy and Longevity. *Mol Cells*. 2018; 41(1):65–72. doi:10.14348/molcells.2018.2333.
31. Martinez-Lopez N, Tarabra E, Toledo M, et al. System-wide Benefits of Intermeal Fasting by Autophagy. *Cell Metab*. 2017; 26(6):856-871.e5.doi:10.1016/j.cmet.2017.09.020.
32. Choi IY, Lee C, Longo VD. Nutrition and fasting mimicking diets in the prevention and treatment of autoimmune diseases and immunosenescence. *Mol Cell Endocrinol*. 2017; 455:4–12. doi:10.1016/j.mce.2017.01.042.

Chapter 04 四種免疫表現型測驗

1. Rashid T, Ebringer A, Autoimmunity in Rheumatic Diseases Is Induced by Microbial Infections via Crossreactivity or Molecular Mimicry. *Autoimmune Diseases*. 2012, article ID 539282, 2012. https://doi.org/10.1155/2012/539282.
2. Park H, Li Z, Yang XO, et al. A distinct lineage of CD4 T cells regulates tissue inflammation by producing interleukin 17. *Nat Immunol*. 2005; 6(11): 1133–1141. doi:10.1038/ni1261.
3. Weaver CT, Harrington LE, Mangan PR, Gavrieli M, Murphy KM. Th17: an effector

CD4 T cell lineage with regulatory T cell ties. *Immunity.* 2006 Jun; 24(6):677–88. doi: 10.1016/j.immuni.2006.06.002. PMID: 16782025.
4. Tesmer LA, Lundy SK, Sarkar S, Fox DA. Th17 cells in human disease. *Immunol Rev.* 2008; 223:87–113. doi:10.1111/j.1600-065X.2008.00628.x.
5. Yasuda K, Takeuchi Y, Hirota K. The pathogenicity of Th17 cells in autoimmune diseases. *Semin Immunopathol.* 2019 May; 41(3):283–297. doi: 10.1007/s00281-019-00733-8. Epub 2019 Mar 19. Erratum in: *Semin Immunopathol.* 2019 Apr 29. PMID: 30891627.
6. Vignali DA, Collison LW, Workman CJ. How regulatory T cells work. *Nat Rev Immunol.* 2008; 8(7):523–532. doi:10.1038/nri2343.

Chapter 05 睡眠：讓身體關機，免疫系統升級

1. Vitaterna MH, Takahashi JS, Turek FW. Overview of circadian rhythms. Alcohol Res Health. 2001; 25(2):85–93.
2. Comas M, Gordon CJ, Oliver BG, et al. A circadian based inflammatory response—implications for respiratory disease and treatment. Sleep Science Practice 1, 18 (2017). https://doi.org/10.1186/s41606-017-0019-2.
3. Carrillo-Vico A, Lardone PJ, Alvarez-Sánchez N, Rodríguez-Rodríguez A, Guerrero JM. Melatonin: buffering the immune system. Int J Mol Sci. 2013; 14(4):8638–8683. Published 2013 Apr 22. doi:10.3390/ijms14048638.
4. Provencio I, Jiang G, De Grip WJ, Hayes WP, Rollag MD. Melanopsin: An opsin in melanophores, brain, and eye. Proc Natl Acad Sci USA. 1998; 95(1):340–345. doi:10.1073/pnas.95.1.340.
5. Wahl S, Engelhardt M, Schaupp P, Lappe C, Ivanov IV. The inner clock-Blue light sets the human rhythm. J Biophotonics. 2019; 12(12):e201900102. doi:10.1002/jbio.201900102.
6. Gradisar M, Wolfson AR, Harvey AG, Hale L, Rosenberg R, Czeisler CA. The sleep and technology use of Americans: findings from the National Sleep Foundation's 2011 Sleep in America poll. J Clin Sleep Med. 2013; 9(12):1291–1299. Published 2013 Dec 15. doi:10.5664/jcsm.3272. 7.
7. Chang AM, Aeschbach D, Duffy JF, Czeisler CA. Evening use of light-emitting eReaders negatively affects sleep, circadian timing, and next-morning alertness. Proc Natl Acad Sci USA. 2015; 112(4):1232–1237. doi:10.1073/pnas.1418490112.
8. Dimitrov S, Benedict C, Heutling D, Westermann J, Born J, Lange T. Cortisol and epinephrine control opposing circadian rhythms in T cell subsets. Blood.

2009;113(21):5134–5143. doi:10.1182/blood-2008-11-190769.

9. Besedovsky L, Lange T, Born J. Sleep and immune function. Pflugers Arch. 2012; 463(1):121–137. doi:10.1007/s00424-011-1044-0.
10. Mullington J, Korth C, Hermann DM, et al. Dose-dependent effects of endotoxin on human sleep. Am J Physiol Regul Integr Comp Physiol. 2000; 278(4):R947–R955. doi:10.1152/ajpregu.2000.278.4.R947.
11. Imeri L, Opp MR. How (and why) the immune system makes us sleep. *Nat Rev Neurosci*. 2009; 10(3):199–210. doi:10.1038/nrn2576.
12. Kluger MJ, Kozak W, Conn CA, Leon LR, Soszynski D. The adaptive value of fever. *Infect Dis Clin North Am*. 1996; 10(1):1–20. doi:10.1016/s0891-5520(05)70282-8.
13. Reiter RJ, Mayo JC, Tan DX, Sainz RM, Alatorre-Jimenez M, Qin L. Melatonin as an antioxidant: under promises but over delivers. *J Pineal Res*. 2016; 61(3):253–278. doi:10.1111/jpi.12360.
14. Knutson KL, Spiegel K, Penev P, Van Cauter E. The metabolic consequences of sleep deprivation. *Sleep Med Rev*. 2007;11(3):163–178. doi:10.1016/j.smrv.2007.01.002.
15. Spiegel K, Leproult R, Van Cauter E. Impact of sleep debt on metabolic and endocrine function. *Lancet*. 1999; 354(9188):1435–1439. doi:10.1016/S0140-6736(99)01376-8.
16. Knutson KL. Impact of sleep and sleep loss on glucose homeostasis and appetite regulation. *Sleep Med Clin*. 2007; 2(2):187–197. doi:10.1016/j.jsmc .2007.03.004.
17. Dias JP, Joseph JJ, Kluwe B, et al. The longitudinal association of changes in diurnal cortisol features with fasting glucose: MESA. *Psychoneuroendocrinology*. 2020; 119:104698. doi:10.1016/j.psyneuen.2020.104698.
18. Sanyaolu A, Okorie C, Marinkovic A, et al. Comorbidity and its Impact on Patients with COVID-19 [published online ahead of print, 2020 Jun 25]. *SN Compr Clin Med*. 2020; 1–8. doi:10.1007/s42399-020-00363-4.
19. Chiappetta, S, Sharma, AM, Bottino, V, et al. COVID-19 and the role of chronic inflammation in patients with obesity. *Int J Obes* 44, 1790–1792 (2020). https://doi.org/10.1038/s41366-020-0597-4.
20. Lange T, Perras B, Fehm HL, Born J. Sleep enhances the human antibody response to hepatitis A vaccination. *Psychosom Med*. 2003; 65(5):831–835. doi:10.1097/01.psy.0000091382.61178.f1.
21. Taylor DJ, Kelly K, Kohut ML, Song KS. Is Insomnia a Risk Factor for Decreased Influenza Vaccine Response?. *Behav Sleep Med*. 2017; 15(4):270–287. doi:10.1080/15402002.2015.1126596.
22. Cohen S, Doyle WJ, Alper CM, Janicki-Deverts D, Turner RB. Sleep habits and susceptibility to the common cold. *Arch Intern Med*. 2009; 169(1):62–67. doi:10.1001/archinternmed.2008.505.

23. Collins KP, Geller DA, Antoni M, et al. Sleep duration is associated with survival in advanced cancer patients. *Sleep Med.* 2017; 32:208–212. doi:10.1016/j.sleep.2016.06.041.
24. Irwin M, McClintick J, Costlow C, Fortner M, White J, Gillin JC. Partial night sleep deprivation reduces natural killer and cellular immune responses in humans. *FASEB J.* 1996; 10(5):643–653. doi:10.1096/fasebj.10.5.8621064.
25. Hirshkowitz M, Whiton K, Albert SM, et al. National Sleep Foundation's sleep time duration recommendations: methodology and results summary. *Sleep Health.* 2015; 1(1):40–43. doi:10.1016/j.sleh.2014.12.010.
26. Haghayegh S, Khoshnevis S, Smolensky MH, Diller KR, Castriotta RJ. Before-bedtime passive body heating by warm shower or bath to improve sleep: A systematic review and meta-analysis. *Sleep Med Rev.* 2019; 46:124–135. doi:10.1016/j.smrv.2019.04.008.
27. Lillehei AS, Halcon LL. A systematic review of the effect of inhaled essential oils on sleep. *J Altern Complement Med.* 2014; 20(6):441–451. doi:10.1089/acm.2013.0311.
28. McDonnell B, Newcomb P. Trial of Essential Oils to Improve Sleep for Patients in Cardiac Rehabilitation. *J Altern Complement Med.* 2019; 25(12):1193–1199. doi:10.1089/acm.2019.0222.
29. Taibi DM, Vitiello MV. A pilot study of gentle yoga for sleep disturbance in women with osteoarthritis. *Sleep Med.* 2011; 12(5):512–517. doi:10.1016/j.sleep.2010.09.016.
30. Srivastava JK, Shankar E, Gupta S. Chamomile: A herbal medicine of the past with bright future. *Mol Med Rep.* 2010; 3(6):895–901. doi:10.3892/mmr.2010.377.
31. Ngan A, Conduit R. A double-blind, placebo-controlled investigation of the effects of Passiflora incarnata (passionflower) herbal tea on subjective sleep quality. *Phytother Res.* 2011; 25(8):1153–1159. doi:10.1002/ptr.3400.
32. Shechter A, Kim EW, St-Onge MP, Westwood AJ. Blocking nocturnal blue light for insomnia: A randomized controlled trial. *J Psychiatr Res.* 2018; 96:196–202. doi:10.1016/j.jpsychires.2017.10.015.

Chapter 06 優化壓力——好與不好的壓力皆然

1. Goldstein DS, McEwen B. Allostasis, homeostats, and the nature of stress. *Stress.* 2002; 5(1):55–58. doi:10.1080/102538902900012345.
2. Moreno-Smith M, Lutgendorf SK, Sood AK. Impact of stress on cancer metastasis. *Future Oncol.* 2010; 6(12):1863–1881. doi:10.2217/fon.10.142.
3. Dimsdale JE. Psychological stress and cardiovascular disease. *J Am Coll Cardiol.* 2008; 51(13):1237–1246. doi:10.1016/j.jacc.2007.12.024.
4. Hammen C. Stress and depression. *Annu Rev Clin Psychol.* 2005; 1:293–319.

doi:10.1146/annurev.clinpsy.1.102803.143938.

5. Song H, Fang F, Tomasson G, et al. Association of Stress-Related Disorders with Subsequent Autoimmune Disease. *JAMA*. 2018; 319(23):2388–2400. doi:10.1001/jama.2018.7028.
6. Dhabhar FS. Effects of stress on immune function: the good, the bad, and the beautiful. *Immunol Res*. 2014; 58(2–3):193–210. doi:10.1007/s12026-014-8517-0.
7. Hassett AL, Clauw DJ. The role of stress in rheumatic diseases. *Arthritis Res Ther*. 2010; 12(3):123. doi:10.1186/ar3024.
8. Mawdsley JE, Rampton DS. Psychological stress in IBD: new insights into pathogenic and therapeutic implications. *Gut*. 2005; 54(10):1481–1491. doi:10.1136/gut.2005.064261.
9. Suarez AL, Feramisco JD, Koo J, Steinhoff M. Psychoneuroimmunology of psychological stress and atopic dermatitis: pathophysiologic and therapeutic updates. *Acta Derm Venereol*. 2012; 92(1):7–15. doi:10.2340/00015555-1188.
10. Chen E, Miller GE. Stress and inflammation in exacerbations of asthma. *Brain Behav Immun*. 2007; 21(8):993–999. doi:10.1016/j.bbi.2007.03.009.
11. Dhabhar FS, Malarkey WB, Neri E, McEwen BS. Stress-induced redistribution of immune cells—from barracks to boulevards to battlefields: a tale of three hormones—Curt Richter Award winner. *Psychoneuroendocrinology*. 2012; 37(9):1345–1368. doi:10.1016/j.psyneuen.2012.05.008.
12. Nieman DC, Wentz LM. The compelling link between physical activity and the body's defense system. *J Sport Health Sci*. 2019; 8(3):201–217. doi:10.1016/j.jshs.2018.09.009.
13. Evans ES, Hackney AC, McMurray RG, et al. Impact of Acute Intermittent Exercise on Natural Killer Cells in Breast Cancer Survivors. *Integr Cancer Ther*. 2015; 14(5):436–445. doi:10.1177/1534735415580681.
14. Ford, ES. Does Exercise Reduce Inflammation? Physical Activity and C-Reactive Protein Among U.S. Adults, *Epidemiology:* 2002; 13(5): 561–568.
15. Edwards KM, Burns VE, Reynolds T, Carroll D, Drayson M, Ring C. Acute stress exposure prior to influenza vaccination enhances antibody response in women. *Brain Behav Immun*. 2006; 20(2):159–168. doi:10.1016/j.bbi .2005 .07 .001.
16. Campbell JP, Turner JE. Debunking the Myth of Exercise-Induced Immune Suppression: Redefining the Impact of Exercise on Immunological Health Across the Lifespan. *Front Immunol*. 2018; 9:648. Published 2018 Apr 16.doi:10.3389/fimmu.2018.00648.
17. Friedenreich CM. Physical activity and cancer prevention: from observational to intervention research. *Cancer Epidemiol Biomarkers Prev*. 2001; 10(4): 287–301.
18. Beavers KM, Brinkley TE, Nicklas BJ. Effect of exercise training on chronic inflammation. *Clin Chim Acta*. 2010; 411(11–12):785-793. doi:10.1016/j.cca.2010.02.069.

19. da Silveira MP, da Silva Fagundes KK, Bizuti MR, Starck E, Rossi RC, de Resende E Silva DT. Physical exercise as a tool to help the immune system against COVID-19: an integrative review of the current literature. *Clin Exp Med.* 2021; 21(1):15–28. doi:10.1007/s10238-020-00650-3.
20. Morey JN, Boggero IA, Scott AB, Segerstrom SC. Current Directions in Stress and Human Immune Function. *Curr Opin Psychol.* 2015; 5:13–17.doi:10 .1016/j.copsyc.2015.03.007.
21. Chandola T, Brunner E, Marmot M. Chronic stress at work and the metabolic syndrome: prospective study. *BMJ.* 2006; 332(7540):521–525. doi:10.1136/bmj.38693.435301.80.
22. Kivimaki M, Kawachi I. Work Stress as a Risk Factor for Cardiovascular Disease. *Curr Cardiol Rep.* 2015; 17(9):630. doi:10.1007/s11886-015-0630-8.
23. Saul AN, Oberyszyn TM, Daugherty C, et al. Chronic stress and susceptibility to skin cancer. *J Natl Cancer Inst.* 2005; 97(23):1760–1767. doi:10.1093/jnci/dji401.
24. Moreno-Smith M, Lutgendorf SK, Sood AK. Impact of stress on cancer metastasis. *Future Oncol.* 2010; 6(12):1863–1881. doi:10.2217/fon.10.142.
25. Bookwalter DB, Roenfeldt KA, LeardMann CA, et al. Posttraumatic stress disorder and risk of selected autoimmune diseases among US military personnel. *BMC Psychiatry* 20, 23 (2020). https://doi.org/10.1186/s12888-020-2432-9.
26. Dube SR, Fairweather D, Pearson WS, Felitti VJ, Anda RF, Croft JB. Cumulative childhood stress and autoimmune diseases in adults. *Psychosom Med.* 2009; 71(2):243–250. doi:10.1097/PSY.0b013e3181907888.
27. Zannas AS, West AE. Epigenetics and the regulation of stress vulnerability and resilience. *Neuroscience.* 2014; 264:157–170. doi:10.1016/j.neuroscience.2013.12.003.
28. Black DS, Slavich GM. Mindfulness meditation and the immune system: a systematic review of randomized controlled trials. *Ann N Y Acad Sci.* 2016; 1373(1):13–24. doi:10.1111/nyas.12998.
29. Haluza D, Schonbauer R, Cervinka R. Green perspectives for public health: a narrative review on the physiological effects of experiencing outdoor nature. *Int J Environ Res Public Health.* 2014; 11(5):5445–5461. Published 2014 May 19. doi:10.3390/ijerph110505445.
30. Peluso MA, Guerra de Andrade LH. Physical activity and mental health: the association between exercise and mood. *Clinics (Sao Paulo).* 2005; 60(1):61–70. doi:10.1590/s1807-59322005000100012.
31. Anderson T, Lane AR, Hackney AC. Cortisol and testosterone dynamics following exhaustive endurance exercise. *Eur J Appl Physiol.* 2016; 116(8):1503–1509. doi:10.1007/s00421-016-3406-y.

32. Takayama F, Aoyagi A, Takahashi K, Nabekura Y. Relationship between oxygen cost and C-reactive protein response to marathon running in college recreational runners. *Open Access J Sports Med.* 2018; 9:261–268. Published 2018 Nov 27. doi:10.2147/OAJSM.S183274.
33. Anderson T, Lane AR, Hackney AC. Cortisol and testosterone dynamics following exhaustive endurance exercise. *Eur J Appl Physiol.* 2016 Aug; 116(8):1503–9. doi: 10.1007/s00421-016-3406-y. Epub 2016 Jun 4. PMID: 27262888.
34. Kreher JB, Schwartz JB. Overtraining syndrome: a practical guide. *Sports Health.* 2012; 4(2):128–138. doi:10.1177/1941738111434406.
35. Panossian AG, Efferth T, Shikov AN, et al. Evolution of the adaptogenic concept from traditional use to medical systems: Pharmacology of stressand aging-related diseases. *Med Res Rev.* 2021; 41(1):630–703. doi:10.1002/med.21743.
36. Li Y, Pham V, Bui M, et al. *Rhodiola rosea L.:* an herb with anti-stress, anti-aging, and immunostimulating properties for cancer chemoprevention. *Curr Pharmacol Rep.* 2017; 3(6):384–395. doi:10.1007/s40495-017-0106-1.
37. Cicero AF, Derosa G, Brillante R, Bernardi R, Nascetti S, Gaddi A. Effects of Siberian ginseng (Eleutherococcus senticosus maxim) on elderly quality of life: a randomized clinical trial. *Arch Gerontol Geriatr Suppl.* 2004; (9):69–73. doi:10.1016/j.archger.2004.04.012.
38. Panossian A, Wikman G. Effects of Adaptogens on the Central Nervous System and the Molecular Mechanisms Associated with Their Stress-Protective Activity. *Pharmaceuticals (Basel).* 2010; 3(1):188–224. Published 2010 Jan 19. doi:10.3390/ph3010188.
39. Chandrasekhar K, Kapoor J, Anishetty S. A prospective, randomized double-blind, placebo-controlled study of safety and efficacy of a high-concentration full-spectrum extract of ashwagandha root in reducing stress and anxiety in adults. *Indian J Psychol Med.* 2012; 34(3):255–262. doi:10.4103/0253-7176.106022.
40. Baek JH, Heo JY, Fava M, et al. Effect of Korean Red Ginseng in individuals exposed to high stress levels: a 6-week, double-blind, randomized, placebo-controlled trial. *J Ginseng Res.* 2019; 43(3):402–407. doi:10.1016/j.jgr.2018.03.001.
41. Scholey A, Gibbs A, Neale C, et al. Anti-stress effects of lemon balm-containing foods. *Nutrients.* 2014 ;6(11):4805–4821. Published 2014 Oct 30.doi:10.3390/nu6114805.
42. Talbott SM, Talbott JA, Pugh M. Effect of Magnolia officinalis and Phellodendron amurense (ReloraR) on cortisol and psychological mood state in moderately stressed subjects. *J Int Soc Sports Nutr.* 2013; 10(1):37. Published 2013 Aug 7. doi:10.1186/1550-2783-10-37.

Chapter 07 照顧好腸道相關淋巴組織（GALT）——免疫系統的家

1. Nagler-Anderson C. Man the barrier! Strategic defences in the intestinal mucosa. *Nat Rev Immunol.* 2001; 1(1):59–67. doi:10.1038/35095573.
2. Vighi G, Marcucci F, Sensi L, Di Cara G, Frati F. Allergy and the gastrointestinal system. *Clin Exp Immunol.* 2008; 153 Suppl 1(Suppl 1):3–6. doi:10.1111/j.1365-2249.2008.03713.x.
3. Sender R, Fuchs S, Milo R. Revised Estimates for the Number of Human and Bacteria Cells in the Body. *PLoS Biol.* 2016; 14(8):e1002533. Published 2016 Aug 19. doi:10.1371/journal.pbio.1002533.
4. Lyon L. "All disease begins in the gut": was Hippocrates right? *Brain.* March 2018; 141(3): e20. https://doi.org/10.1093/brain/awy017.
5. Lloyd-Price J, Abu-Ali G, Huttenhower C. The healthy human microbiome. *Genome Med.* 2016; 8(1):51. Published 2016 Apr 27. doi:10.1186/s13073-016-0307-y.
6. O'Hara AM, Shanahan F. The gut flora as a forgotten organ. *EMBO Rep.* 2006; 7(7):688–693. doi:10.1038/sj.embor.7400731.
7. Tamburini S, Shen N, Wu H., et al. The microbiome in early life: implications for health outcomes. *Nat Med* 22, 713–722 (2016). https://doi.org/10.1038/nm.4142.
8. Belkaid Y, Hand TW. Role of the microbiota in immunity and inflammation. *Cell.* 2014; 157(1):121–141. doi:10.1016/j.cell.2014.03.011.
9. Troy EB, Kasper DL. Beneficial effects of Bacteroides fragilis polysaccharides on the immune system. *Front Biosci (Landmark Ed).* 2010; 15:25–34. Published 2010 Jan 1. doi:10.2741/3603.
10. Ege MJ. The Hygiene Hypothesis in the Age of the Microbiome. *Ann Am Thorac Soc.* 2017; 14(Supplement_5):S348-S353. doi:10.1513/AnnalsATS.201702-139AW.
11. Lazar V, Ditu LM, Pircalabioru GG, et al. Aspects of Gut Microbiota and Immune System Interactions in Infectious Diseases, Immunopathology, and Cancer. *Front Immunol.* 2018; 9:1830. Published 2018 Aug 15. doi:10.3389/fimmu.2018.01830.
12. Kamada N, Chen GY, Inohara N, Nunez G. Control of pathogens and pathobionts by the gut microbiota. *Nat Immunol.* 2013; 14(7):685–690.doi:10.1038/ni.2608.
13. Baldini F, Hertel J, Sandt E, et al. Parkinson's disease-associated alterations of the gut microbiome predict disease-relevant changes in metabolic functions. *BMC Biol.* 2020; 18(1):62. Published 2020 Jun 9. doi:10.1186/s12915-020-00775-7.
14. Kowalski K, Mulak A. Brain-Gut-Microbiota Axis in Alzheimer's Disease. *J Neurogastroenterol Motil.* 2019; 25(1):48–60. doi:10.5056/jnm18087.
15. Knight-Sepulveda K, Kais S, Santaolalla R, Abreu MT. Diet and Inflammatory Bowel

Disease. *Gastroenterol Hepatol (N Y)*. 2015; 11(8):511–520.

16. Devkota S, Wang Y, Musch MW, et al. Dietary-fat-induced taurocholic acid promotes pathobiont expansion and colitis in Il10-/- mice. *Nature*. 2012; 487(7405):104–108. doi:10.1038/nature11225.
17. Strober W. Adherent-invasive E. coli in Crohn disease: bacterial "agent provocateur." *J Clin Invest*. 2011; 121(3):841–844. doi:10.1172/JCI46333.
18. Yue B, Luo X, Yu Z, Mani S, Wang Z, Dou W. Inflammatory Bowel Disease: A Potential Result from the Collusion between Gut Microbiota and Mucosal Immune System. *Microorganisms*. 2019; 7(10):440. Published 2019 Oct 11. doi:10.3390/microorganisms7100440.
19. Horta-Baas G, Romero-Figueroa MDS, Montiel-Jarquin AJ, Pizano-Zarate ML, Garcia-Mena J, Ramirez-Duran N. Intestinal Dysbiosis and Rheumatoid Arthritis: A Link between Gut Microbiota and the Pathogenesis of Rheumatoid Arthritis. *J Immunol Res*. 2017; 2017:4835189. doi:10.1155/2017/4835189.
20. Gill T, Asquith M, Rosenbaum JT, Colbert RA. The intestinal microbiome in spondyloarthritis. *Curr Opin Rheumatol*. 2015; 27(4):319–325. doi:10.1097/BOR.0000000000000187.
21. Codoner FM, Ramirez-Bosca A, Climent E, et al. Gut microbial composition in patients with psoriasis. *Sci Rep*. 2018; 8(1):3812. Published 2018 Feb 28. doi:10.1038/s41598-018-22125-y.
22. Jie Z, Xia H, Zhong SL, et al. The gut microbiome in atherosclerotic cardiovascular disease. *Nat Commun*. 2017; 8(1):845. Published 2017 Oct 10. doi:10.1038/s41467-017-00900-1.
23. Gurung M, Li Z, You H, et al. Role of gut microbiota in type 2 diabetes pathophysiology. *EBioMedicine*. 2020; 51:102590. doi:10.1016/j.ebiom .2019.11.051.
24. Jin M, Qian Z, Yin J, Xu W, Zhou X. The role of intestinal microbiota in cardiovascular disease. *J Cell Mol Med*. 2019; 23(4):2343–2350. doi:10.1111/jcmm.14195.
25. Fasano A. Zonulin and its regulation of intestinal barrier function: the biological door to inflammation, autoimmunity, and cancer. *Physiol Rev*. 2011; 91(1):151–175. doi:10.1152/physrev.00003.2008.
26. Fasano A. Intestinal permeability and its regulation by zonulin: diagnostic and therapeutic implications. *Clin Gastroenterol Hepatol*. 2012; 10(10):1096–1100. doi:10.1016/j.cgh.2012.08.012.
27. Barbaro MR, Cremon C, Morselli-Labate AM, et al. Serum zonulin and its diagnostic performance in non-coeliac gluten sensitivity. *Gut* 2020; 69: 1966–1974.
28. Talpaert MJ, Gopal Rao G, Cooper BS, Wade P. Impact of guidelines and enhanced antibiotic stewardship on reducing broad-spectrum antibiotic usage and its effect on

incidence of Clostridium difficile infection. *J Antimicrob Chemother*. 2011; 66(9):2168–2174. doi:10.1093/jac/dkr253.
29. Ktsoyan Z, Budaghyan L, Agababova M, et al. Potential Involvement of *Salmonella* Infection in Autoimmunity. *Pathogens*. 2019; 8(3):96. Published 2019 Jul 3. doi:10.3390/pathogens8030096.
30. Quagliani D, Felt-Gunderson P. Closing America's fiber intake gap: communication strategies from a food and fiber summit. *Am J Lifestyle Med*. 2016; 11(1):80–85. Published 2016 Jul 7. doi:10.1177/1559827615588079.
31. Zimmer J, Lange B, Frick JS, et al. A vegan or vegetarian diet substantially alters the human colonic faecal microbiota. *Eur J Clin Nutr*. 2012; 66(1):53–60. doi:10.1038/ejcn.2011.141.
32. Wu X, Wu Y, He L, Wu L, Wang X, Liu Z. Effects of the intestinal microbial metabolite butyrate on the development of colorectal cancer. *J Cancer*. 2018; 9(14):2510–2517. Published 2018 Jun 15. doi:10.7150/jca.25324.
33. Mesnage R, Teixeira M, Mandrioli D, et al. Use of shotgun metagenomics and metabolomics to evaluate the impact of glyphosate or Roundup MON 52276 on the gut microbiota and serum metabolome of Sprague-Dawley rats. *Environ Health Perspect*. 2021; 129(1):17005. doi:10.1289/EHP6990.
34. Kogevinas M. Probable carcinogenicity of glyphosate *BMJ* 2019; 365:l1613 doi:10.1136/bmj.l1613.
35. Hemarajata P, Versalovic J. Effects of probiotics on gut microbiota: mechanisms of intestinal immunomodulation and neuromodulation. *Therap Adv Gastroenterol*. 2013; 6(1):39–51. doi:10.1177/1756283X12459294.

Chapter 08 毒素：讓免疫系統分身乏術的終極角色

1. Thompson PA, Khatami M, Baglole CJ, et al. Environmental immune disruptors, inflammation and cancer risk. *Carcinogenesis*. 2015; 36 Suppl 1(Suppl 1):S232–S253. doi:10.1093/carcin/bgv038.
2. Dietert RR, Etzel RA, Chen D, et al. Workshop to identify critical windows of exposure for children's health: immune and respiratory systems work group summary. *Environ Health Perspect*. 2000; 108 Suppl 3(Suppl 3):483–490. doi:10.1289/ehp.00108s3483.
3. Winans B, Humble MC, Lawrence BP. Environmental toxicants and the developing immune system: a missing link in the global battle against infectious disease? *Reprod Toxicol*. 2011; 31(3):327–336. doi:10.1016/j .reprotox.2010.09.004.
4. Braun KM, Cornish T, Valm A, Cundiff J, Pauly JL, Fan S. Immunotoxicology of ciga-

rette smoke condensates: suppression of macrophage responsiveness to interferon gamma. *Toxicol Appl Pharmacol.* 1998 Apr; 149(2): 136v43. doi: 10.1006/taap.1997.8346. PMID: 9571981.

5. Stevens EA, Mezrich JD, Bradfield CA. The aryl hydrocarbon receptor: a perspective on potential roles in the immune system. *Immunology*. 2009; 127(3):299–311. doi:10.1111/j.1365-2567.2009.03054.x.
6. Robinson L, Miller R. The impact of bisphenol A and phthalates on allergy, asthma, and immune function: a review of latest findings. *Curr Environ Health Rep*. 2015; 2(4):379–387. doi:10.1007/s40572-015-0066-8.
7. Le Magueresse-Battistoni B, Vidal H, Naville D. Environmental pollutants and metabolic disorders: the multi-exposure scenario of life. *Front Endocrinol (Lausanne)*. 2018; 9:582. Published 2018 Oct 2. doi:10.3389/fendo.2018.00582.
8. Sobel ES, Gianini J, Butfiloski EJ, Croker BP, Schiffenbauer J, Roberts SM. Acceleration of autoimmunity by organochlorine pesticides in (NZB x NZW)F1 mice. *Environ Health Perspect.* 2005 Mar; 113(3):323–8. doi: 10.1289/ehp.7347. PMID: 15743722; PMCID: PMC1253759.
9. Cooper GS, Wither J, Bernatsky S, et al. Occupational and environmental exposures and risk of systemic lupus erythematosus: silica, sunlight, solvents. *Rheumatology (Oxford)*. 2010; 49(11):2172–2180. doi:10.1093/rheumatology/keq214.
10. Blake BE, Fenton SE. Early life exposure to per- and polyfluoroalkyl substances (PFAS) and latent health outcomes: A review including the placenta as a target tissue and possible driver of peri- and postnatal effects. *Toxicology*. 2020; 443:152565. doi:10.1016/j.tox.2020.152565.
11. Mon Monograph: Perfluorooctanoic Acid or Perfluorooctane Sulfonate; Sept. 2016. *National Toxicology Program US Department of Health and Human Services.*
12. Domingo JL, Nadal M. Human exposure to per- and polyfluoroalkyl substances (PFAS) through drinking water: A review of the recent scientific literature. *Environ Res.* 2019 Oct; 177:108648. doi: 10.1016/j.envres .2019.108648. Epub 2019 Aug 12. PMID: 31421451.
13. Vojdani A, Pollard KM, Campbell AW. Environmental triggers and autoimmunity. *Autoimmune Dis.* 2014; 2014:798029. doi:10.1155/2014/798029.
14. Quiros-Alcala L, Hansel NN, McCormack MC, Matsui EC. Paraben exposures and asthma-related outcomes among children from the US general population. *J Allergy Clin Immunol.* 2019; 143(3):948–956.e4. doi:10.1016/j.jaci.2018.08.021.
15. Larsson M, Hagerhed-Engman L, Kolarik B, James P, Lundin F, Janson S, Sundell J, Bornehag CG. PVC—as flooring material—and its association with incident asthma in a Swedish child cohort study. *Indoor Air.* 2010 Dec; 20(6):494–501. doi: 10.1111/

j.1600-0668.2010.00671.x. PMID: 21070375.

16. Elter E, Wagner M, Buchenauer L, Bauer M, Polte T. Phthalate Exposure during the prenatal and lactational period increases the susceptibility to rheumatoid arthritis in mice. *Front Immunol.* 2020 Apr 3; 11:550. doi: 10.3389/fimmu.2020.00550. PMID: 32308655; PMCID: PMC7145968.
17. Darbre PD, Harvey PW. Parabens can enable hallmarks and characteristics of cancer in human breast epithelial cells: a review of the literature with reference to new exposure data and regulatory status. *J Appl Toxicol.* 2014 Sep; 34(9):925–38. doi: 10.1002/jat.3027. Epub 2014 Jul 22. PMID: 25047802.
18. Savage JH, Matsui EC, Wood RA, Keet CA. Urinary levels of triclosan and parabens are associated with aeroallergen and food sensitization. *J Allergy Clin Immunol.* 2012; 130(2):453–60.e7. doi:10.1016/j.jaci.2012.05.006.
19. Overexposed. Environmental Working Group. Accessed April 25, 2021. https://www.ewg.org/research/overexposed-organophosphate-insecticides-childrens-food.
20. Malagon-Rojas JN, Parra Barrera EL, Lagos L. From environment to clinic: the role of pesticides in antimicrobial resistance. *Rev Panam Salud Publica.* 2020; 44:e44. Published 2020 Sep 23. doi:10.26633/RPSP.2020.44.
21. Gangemi S, Gofita E, Costa C, et al. Occupational and environmental exposure to pesticides and cytokine pathways in chronic diseases (Review). *Int J Mol Med.* 2016; 38(4):1012–1020. doi:10.3892/ijmm.2016.2728.
22. Litteljohn D, Mangano E, Clarke M, Bobyn J, Moloney K, Hayley S. Inflammatory mechanisms of neurodegeneration in toxin-based models of Parkinson's disease. *Parkinsons Dis.* 2010; 2011:713517. Published 2010 Dec 30. doi:10.4061/2011/713517.
23. Lee GH, Choi KC. Adverse effects of pesticides on the functions of immune system. *Comp Biochem Physiol C Toxicol Pharmacol.* 2020 Sep; 235:108789.doi: 10.1016/j.cbpc.2020.108789. Epub 2020 May 3. PMID: 32376494.
24. Nayak AS, Lage CR, Kim CH. Effects of low concentrations of arsenic on the innate immune system of the zebrafish (Danio rerio). *Toxicol Sci.* 2007 Jul; 98(1):118–24. doi: 10.1093/toxsci/kfm072. Epub 2007 Mar 30. PMID: 17400579.
25. Skoczyn´ska A, Poreba R, Sieradzki A, Andrzejak R, Sieradzka U. Wpływołowiu i kadmu na funkcje układu immunologicznego [The impact of lead and cadmium on the immune system]. *Med Pr.* 2002; 53(3):259-64. Polish. PMID: 12369510.
26. Silva IA, Nyland JF, Gorman A, et al. Mercury exposure, malaria, and serum antinuclear/antinucleolar antibodies in Amazon populations in Brazil: a cross-sectional study. *Environ Health.* 2004; 3(1):11. Published 2004 Nov 2. doi:10.1186/1476-069X-3-11.
27. Silva IA, Nyland JF, Gorman A, et al. Mercury exposure, malaria, and serum antinuclear/antinucleolar antibodies in Amazon populations in Brazil: a cross-sectional study.

Environ Health. 2004;3 (1):11. Published 2004 Nov 2. doi:10.1186/1476-069X-3-11.

28. Hodges RE, Minich DM. Modulation of Metabolic Detoxification Pathways Using Foods and Food-Derived Components: A Scientific Review with Clinical Application. *J Nutr Metab*. 2015; 2015:760689. doi:10.1155/2015/760689.
29. Eylar E, Rivera-Quinones C, Molina C, Baez I, Molina F, Mercado CM. *N*-Acetylcysteine enhances T cell functions and T cell growth in culture, *International Immunology*, 1983; 5(1): 97–101. https://doi.org/10.1093/intimm/5.1.97.
30. Polonikov A. Endogenous Deficiency of Glutathione as the Most Likely Cause of Serious Manifestations and Death in COVID-19 Patients. *ACS Infect Dis*. 2020; 6(7):1558–1562. doi:10.1021/acsinfecdis.0c00288.
31. Eliaz I, Weil E, Wilk B. Integrative medicine and the role of modified citrus pectin/alginates in heavy metal chelation and detoxification–five case reports. *Forschende Komplementarmedizin*. 2007; 14(6):358–364.
32. Uchikawa T, Kumamoto Y, Maruyama I, Kumamoto S, Ando Y, Yasutake A. The enhanced elimination of tissue methylmercury in Parachlorella beijerinckii-fed mice. *Journal of Toxicological Sciences*. 2011; 36(1):121–126.
33. Zellner T, Prasa D, Farber E, Hoffmann-Walbeck P, Genser D, Eyer F. The use of activated charcoal to treat intoxications. *Dtsch Arztebl Int*. 2019; 116(18):311–317. doi:10.3238/arztebl.2019.0311.
34. Kraljevic´ Pavelic´ S, Simovic´ Medica J, Gumbarevic´ D, Filoševic´ A, Pržulj N, Pavelic K. Critical review on zeolite clinoptilolite safety and medical applications *in vivo*. *Front Pharmacol*. 2018; 9:1350. Published 2018 Nov 27. doi:10.3389/fphar.2018.01350.

Chapter 09 營養——餵養你的免疫系統

1. Obukhov AG, Stevens BR, Prasad R, Li Calzi S, Boulton ME, Raizada MK, Oudit GY, Grant MB. SARS-CoV-2 infections and ACE2: Clinical outcomes linked with increased morbidity and mortality in individuals with diabetes. *Diabetes*. 2020 Sep; 69(9):1875–1886. doi: 10.2337/dbi20-0019. Epub 2020 Jul 15. PMID: 32669391; PMCID: PMC7458035.
2. Alcock J, Maley CC, Aktipis CA. Is eating behavior manipulated by the gastrointestinal microbiota? Evolutionary pressures and potential mechanisms. *Bioessays*. 2014; 36(10):940–949. doi:10.1002/bies.201400071.
3. How much sugar is too much? www.heart.org. Accessed April 25, 2021. https://www.heart.org/en/healthy-living/healthy-eating/eat-smart/sugar/how-much-sugar-is-too-much.

4. Jung ES, Park JI, Park H, Holzapfel W, Hwang JS, Lee CH. Seven-day green tea supplementation revamps gut microbiome and caecum/skin metabolome in mice from stress. *Sci Rep.* 2019 Dec 5; 9(1):18418. doi: 10.1038/s41598-019-54808-5. PMID: 31804534; PMCID: PMC6895175.
5. Bungau S, Abdel-Daim MM, Tit DM, et al. Health benefits of polyphenols and carotenoids in age-related eye diseases. *Oxid Med Cell Longev.* 2019; 2019:9783429. Published 2019 Feb 12. doi:10.1155/2019/9783429.
6. Wu D. Green tea EGCG, T-cell function, and T-cell-mediated autoimmune encephalomyelitis. *J Investig Med.* 2016 Dec; 64(8):1213–1219. doi: 10.1136/jim-2016-000158. Epub 2016 Aug 16. PMID: 27531904.
7. Chaplin A, Carpene C, Mercader J. Resveratrol, metabolic syndrome, and gut microbiota. *Nutrients.* 2018; 10(11):1651. Published 2018 Nov 3. doi:10.3390/nu10111651.
8. Lin R, Piao M, Song Y. Dietary quercetin increases colonic microbial diversity and attenuates colitis severity in *Citrobacter rodentium*-infected mice. *Front Microbiol.* 2019; 10:1092. Published 2019 May 16. doi:10.3389/fmicb.2019.01092.
9. Jafarinia M, Sadat Hosseini M, Kasiri N, et al. Quercetin with the potential effect on allergic diseases. *Allergy Asthma Clin Immunol.* 2020; 16:36. Published 2020 May 14. doi:10.1186/s13223-020-00434-0.
10. Chambial S, Dwivedi S, Shukla KK, John PJ, Sharma P. Vitamin C in disease prevention and cure: an overview. *Indian J Clin Biochem.* 2013; 28(4):314-328. doi:10.1007/s12291-013-0375-3.
11. Hemila H, de Man AME. Vitamin C and COVID-19. *Front Med (Lausanne).* 2021; 7:559811. Published 2021 Jan 18. doi:10.3389/fmed.2020.559811.
12. de Melo AF, Homem-de-Mello M. High-dose intravenous vitamin C may help in cytokine storm in severe SARS-CoV-2 infection. *Critical Care.* 2020; 24(1). doi:10.1186/s13054-020-03228-3.
13. Ran L, Zhao W, Wang J, et al. Extra dose of vitamin C based on a daily supplementation shortens the common cold: A meta-analysis of 9 randomized controlled trials. *Biomed Res Int.* 2018; 2018:1837634. Published 2018 Jul 5. doi:10.1155/2018/1837634.
14. Office of Dietary Supplements, National Institutes of Health Dietary Supplement Fact Sheet: Vitamin E. From: www.ods.od.nih.gov/factsheets/vitamine.asp Accessed: Aug 2010.
15. Kalayci O, Besler T, Kilinc K, Sekerel BE, Saraclar Y. Serum levels of antioxidant vitamins (alpha tocopherol, beta carotene, and ascorbic acid) in children with bronchial asthma. *Turk J Pediatr.* 2000 Jan–Mar; 42(1):17-21. PMID: 10731863.
16. Meydani SN, Leka LS, Fine BC, et al. Vitamin E and respiratory tract infections in elderly nursing home residents: a randomized controlled trial [published correction

appears in *JAMA*. 2004 Sep 15; 292(11):1305] [published correction appears in *JAMA*. 2007 May 2; 297(17):1882]. *JAMA*. 2004; 292(7):828-836. doi:10.1001/jama.292.7.828.

17. Bungau S, Abdel-Daim MM, Tit DM, et al. Health benefits of polyphenols and carotenoids in age-related eye diseases. *Oxid Med Cell Longev*. 2019; 2019:9783429. Published 2019 Feb 12. doi:10.1155/2019/9783429.
18. Huang Z, Liu Y, Qi G, Brand D, Zheng SG. Role of vitamin A in the immune system. *J Clin Med*. 2018; 7(9):258. Published 2018 Sep 6. doi:10.3390/jcm7090258.
19. Al Senaidy AM. Serum vitamin A and beta-carotene levels in children with asthma. *J Asthma*. 2009 Sep; 46(7):699–702. doi: 10.1080/02770900903056195. PMID: 19728208.
20. Schambach F, Schupp M, Lazar MA, Reiner SL. Activation of retinoic acid receptor-alpha favours regulatory T cell induction at the expense of IL-17-secreting T helper cell differentiation. *Eur J Immunol*. 2007 Sep; 37(9): 2396–9. doi: 10.1002/eji .200737621. PMID: 17694576.
21. Czarnewski P, Das S, Parigi SM, Villablanca EJ. Retinoic acid and its role in modulating intestinal innate immunity. *Nutrients*. 2017 Jan 13; 9(1):68. doi: 10.3390/nu9010068. PMID: 28098786; PMCID: PMC5295112.
22. Leung WC, Hessel S, Meplan C, Flint J, Oberhauser V, Tourniaire F, Hesketh JE, von Lintig J, Lietz G. Two common single nucleotide polymorphisms in the gene encoding beta-carotene 15,15'-monoxygenase alter beta-carotene metabolism in female volunteers. *FASEB J*. 2009 Apr; 23(4):1041–53. doi: 10.1096/fj.08-121962. Epub 2008 Dec 22. PMID: 19103647.
23. Omeed Sizar, Swapnil Khare, Amandeep Goyal, Pankaj Bansal, Givler A. Vitamin D deficiency. Published January 3, 2021. https://www.ncbi.nlm.nih.gov/books/NBK532266/.
24. Garland CF, Kim JJ, Mohr SB, et al. Meta-analysis of all-cause mortality according to serum 25-hydroxyvitamin D. *Am J Public Health*. 2014; 104(8): e43-e50. doi:10.2105/AJPH.2014.302034.
25. Prietl B, Pilz S, Wolf M, Tomaschitz A, Obermayer-Pietsch B, Graninger W, Pieber TR. Vitamin D supplementation and regulatory T cells in apparently healthy subjects: vitamin D treatment for autoimmune diseases? *Isr Med Assoc J*. 2010 Mar; 12(3):136-9. PMID: 20684175.
26. Cantorna MT, Snyder L, Lin YD, Yang L. Vitamin D and 1,25(OH)2D regulation of T cells. *Nutrients*. 2015; 7(4):3011–3021. Published 2015 Apr 22. doi:10.3390/nu7043011.
27. Pierrot-Deseilligny C, Souberbielle JC. Contribution of vitamin D insufficiency to

the pathogenesis of multiple sclerosis. *Ther Adv Neurol Disord.* 2013; 6(2):81–116. doi:10.1177/1756285612473513.

28. Bhutta ZA. Vitamin D reduces respiratory tract infections frequency. *J Pediatrics.* 2017; 186:209–212. doi:10.1016/j.jpeds.2017.04.021.
29. Combs GF Jr. Status of selenium in prostate cancer prevention. *Br J Cancer.* 2004; 91(2):195–199. doi:10.1038/sj.bjc.6601974.
30. Huang Z, Rose AH, Hoffmann PR. The role of selenium in inflammation and immunity: from molecular mechanisms to therapeutic opportunities. *Antioxid Redox Signal.* 2012; 16(7):705–743. doi:10.1089/ars.2011.4145.
31. Wood SM, Beckham C, Yosioka A, Darban H, Watson RR. Beta-Carotene and selenium supplementation enhances immune response in aged humans. *Integr Med.* 2000 Mar 21; 2(2):85-92. doi: 10.1016/s1096-2190(00)00009-3. PMID: 10882881.
32. World Health Organization. The World Health report 2002. *Midwifery.* (2003) 19:72–3. 10.1054/midw.2002.0343.
33. Wessels I, Maywald M, Rink L. Zinc as a gatekeeper of immune function. *Nutrients.* 2017; 9(12):1286. Published 2017 Nov 25. doi:10.3390/nu9121286.
34. Rao G, Rowland K. PURLs: Zinc for the common cold — not if, but when. *J Fam Pract.* 2011; 60(11):669–671.
35. Novak M, Vetvicka V. Beta-glucans, history, and the present: immunomodulatory aspects and mechanisms of action. *J Immunotoxicol.* 2008 Jan; 5(1):47–57. doi: 10.1080/15476910802019045. PMID: 18382858.
36. Shin MS, Park HJ, Maeda T, Nishioka H, Fujii H, Kang I. The effects of AHCCR, a standardized extract of cultured *Lentinura edodes* mycelia, on natural killer and t cells in health and disease: Reviews on human and animal studies. *J Immunol Res.* 2019; 2019:3758576. Published 2019 Dec 20. doi:10.1155/2019/3758576.
37. Murphy EJ, Masterson C, Rezoagli E, et al. β-Glucan extracts from the same edible shiitake mushroom Lentinus edodes produce differential in-vitro immunomodulatory and pulmonary cytoprotective effects — Implications for coro- navirus disease (COVID-19) immunotherapies. *Sci Total Environ.* 2020; 732:139330. doi:10.1016/j.scitotenv.2020.139330.
38. Saleh MH, Rashedi I, Keating A. Immunomodulatory properties of *Coriolus versicolor*: The Role of polysaccharopeptide. *Front Immunol.* 2017 Sep 6; 8:1087. doi: 10.3389/fimmu.2017.01087. PMID: 28932226; PMCID: PMC5592279.
39. Guggenheim AG, Wright KM, Zwickey HL. Immune modulation from five major mushrooms: Application to integrative oncology. *Integr Med (Encinitas).* 2014; 13(1):32–44.
40. Wachtel-Galor S, Yuen J, Buswell JA, et al. Ganoderma lucidum (Lingzhi or Reishi):

A medicinal mushroom. In: Benzie IFF, Wachtel-Galor S, editors. *Herbal Medicine: Biomolecular and Clinical Aspects.* 2nd edition. Boca Raton (FL): CRC Press/Taylor & Francis; 2011. Chapter 9. Available from: https://www.ncbi.nlm.nih.gov/books/NBK92757/?report=classic.

41. Hewlings SJ, Kalman DS. Curcumin: A review of its effects on human health. *Foods.* 2017; 6(10):92. Published 2017 Oct 22. doi:10.3390/foods 6100092.
42. Burge K, Gunasekaran A, Eckert J, Chaaban H. Curcumin and intestinal inflammatory diseases: Molecular mechanisms of protection. *Int J Mol Sci.* 2019; 20(8):1912. Published 2019 Apr 18. doi:10.3390/ijms20081912.
43. Enyeart JA, Liu HL, Enyeart JJ. Curcumin inhibits ACTH- and angiotensin II-stimulated cortisol secretion and Ca(v)3.2 current. *J Nat Prod.* 2009; 72(8): 1533–1537. doi:10.1021/np900227x.
44. Shen L, Liu L, Ji HF. Regulative effects of curcumin spice administration on gut microbiota and its pharmacological implications. *Food Nutr. Res.* 2017; 61:1361780. doi: 10.1080/16546628.2017.1361780.
45. Bruck J, Holstein J, Glocova I, et al. Nutritional control of IL-23/Th17-mediated autoimmune disease through HO-1/STAT3 activation. *Sci Rep.* 2017 Mar 14; 7:44482. doi: 10.1038/srep44482. PMID: 28290522; PMCID: PMC5349589.
46. Shep D, Khanwelkar C, Gade P, et al. Safety and efficacy of curcumin versus diclofenac in knee osteoarthritis: a randomized open-label parallel-arm study. *Trials* 20, 214 (2019). https://doi.org/10.1186/s13063-019-3327-2.
47. Dai Q, Zhou D, Xu L, Song X. Curcumin alleviates rheumatoid arthritis-induced inflammation and synovial hyperplasia by targeting mTOR pathway in rats. *Drug Des Devel Ther.* 2018; 12:4095-4105. Published 2018 Dec 3. doi:10.2147/DDDT.S175763.
48. Nicoll R, Henein MY. Ginger (Zingiber officinale Roscoe): a hot remedy for cardiovascular disease? *Int J Cardiol.* 2009 Jan 24; 131(3):408–9. doi: 10.1016/j.ijcard.2007.07.107. Epub 2007 Nov 26. PMID: 18037515.
49. Mallikarjuna K, Sahitya Chetan P, Sathyavelu Reddy K, Rajendra W. Ethanol toxicity: rehabilitation of hepatic antioxidant defense system with dietary ginger. *Fitoterapia.* 2008 Apr; 79(3):174–8. doi: 10.1016/j.fitote .2007.11.007. Epub 2007 Nov 29. PMID: 18182172.
50. Ajith TA, Nivitha V, Usha S. Zingiber officinale Roscoe alone and in combination with alpha-tocopherol protect the kidney against cisplatin-induced acute renal failure. *Food Chem Toxicol.* 2007 Jun; 45(6):921–7. doi: 10.1016/j.fct.2006.11.014. Epub 2006 Nov 29. PMID: 17210214.
51. Karuppiah P, Rajaram S. Antibacterial effect of Allium sativum cloves and Zingiber officinale rhizomes against multiple-drug resistant clinical pathogens. *Asian Pac J Trop*

Biomed. 2012; 2(8):597–601. doi:10.1016/S2221-1691 (12)60104-X.

52. Mara Teles A, Araujo dos Santos B, Gomes Ferreira C, et al. Ginger (Zingiber officinale) antimicrobial potential: A review. *Ginger Cultivation and Its Antimicrobial and Pharmacological Potentials.* Published online February 19, 2020. Accessed April 25, 2021. http://dx.doi.org/10.5772/intechopen.89780.
53. Nikkhah Bodagh M, Maleki I, Hekmatdoost A. Ginger in gastrointestinal disorders: A systematic review of clinical trials. *Food Sci Nutr.* 2018; 7(1): 96–108. Published 2018 Nov 5. doi:10.1002/fsn3.807.
54. Vomund S, Schafer A, Parnham MJ, Brune B, von Knethen A. Nrf2, the master regulator of anti-oxidative responses. *Int J Mol Sci.* 2017; 18(12):2772. Published 2017 Dec 20. doi:10.3390/ijms18122772.
55. Fahey JW, Zhang Y, Talalay P. Broccoli sprouts: An exceptionally rich source of inducers of enzymes that protect against chemical carcinogens. *Proc Natl Acad Sci USA* Sep 1997, 94 (19) 10367–10372; DOI: 10.1073/pnas.94.19.10367.
56. López-Chillón MT, Carazo-Diaz C, Prieto-Merino D, Zafrilla P, Moreno DA, Villano D. Effects of long-term consumption of broccoli sprouts on inflammatory markers in overweight subjects. *Clin Nutr.* 2019 Apr; 38(2):745–752. doi: 10.1016/j.clnu.2018.03.006. Epub 2018 Mar 13. PMID: 29573889.
57. Arreola R, Quintero-Fabian S, Lopez-Roa RI, et al. Immunomodulation and anti-inflammatory effects of garlic compounds. *J Immunol Res.* 2015; 2015:401630. doi:10.1155/2015/401630.
58. Varshney R, Budoff MJ. Garlic and heart disease, *J Nutrition.* 2016; 146(2): 416S–421S.https://doi.org/10.3945/jn.114.202333.
59. Bayan L, Koulivand PH, Gorji A. Garlic: a review of potential therapeutic effects. *Avicenna J Phytomed.* 2014; 4(1):1–14.

Chapter 10 讓免疫表現重回平衡

1. Guggenheim AG, Wright KM, Zwickey HL. Immune modulation from five major mushrooms: Application to integrative oncology. *Integr Med (Encinitas).* 2014; 13(1):32–44.
2. Cardwell G, Bornman JF, James AP, Black LJ. A review of mushrooms as a potential source of dietary vitamin D. *Nutrients.* 2018;10(10):1498. Published 2018 Oct 13. doi:10.3390/nu10101498.
3. Falandysz J. Selenium in edible mushrooms. *J Environ Sci Health C Environ Carcinog Ecotoxicol Rev.* 2008 Jul–Sep; 26(3):256–99. doi: 10.1080/10590500802350086.

PMID: 18781538.

4. Salve J, Pate S, Debnath K, Langade D. Adaptogenic and anxiolytic effects of ashwagandha root extract in healthy adults: A double-blind, randomized, placebo-controlled clinical study. *Cureus*. 2019; 11(12):e6466. Published 2019 Dec 25. doi:10.7759/cureus.6466.
5. Grudzien M, Rapak A. Effect of natural compounds on NK cell activation. *J Immunol Res*. 2018 Dec 25; 2018:4868417. doi: 10.1155/2018/4868417. PMID: 30671486; PMCID: PMC6323526.
6. Khan S, Malik F, Suri KA, Singh J. Molecular insight into the immune up-regulatory properties of the leaf extract of Ashwagandha and identification of Th1 immunostimulatory chemical entity. *Vaccine*. 2009 Oct 9; 27(43):6080–7. doi: 10.1016/j.vaccine.2009.07.011. Epub 2009 Jul 21. PMID: 19628058.
7. Saba E, Lee, Kim M, Kim SH, Hong SB, Rhee MH. A comparative study on immune-stimulatory and antioxidant activities of various types of ginseng extracts in murine and rodent models. *J Ginseng Res*. 2018; 42(4):577–584. doi:10.1016/j.jgr.2018.07.004.
8. Ulfman LH, Leusen JHW, Savelkoul HFJ, Warner JO, van Neerven RJJ. Effects of bovine immunoglobulins on immune function, allergy, and infection. *Front Nutr*. 2018; 5:52. Published 2018 Jun 22. doi:10.3389/fnut.2018.00052.
9. Hałasa M, Maciejewska D, Bas´kiewicz-Hałasa M, Machalin´ski B, Safranow K, Stachowska E. Oral supplementation with bovine colostrum decreases intestinal permeability and stool concentrations of zonulin in athletes. *Nutrients*. 2017; 9(4):370. Published 2017 Apr 8. doi:10.3390/nu9040370.
10. Patırog˘lu T, Kondolot M. The effect of bovine colostrum on viral upper respiratory tract infections in children with immunoglobulin A deficiency. *Clin Respir J*. 2013 Jan; 7(1):21–6. doi: 10.1111/j.1752-699X.2011.00268.x. Epub 2011 Sep 6. PMID: 21801330.
11. Velikova T, Tumangelova-Yuzeir K, Georgieva R, et al. Lactobacilli supplemented with larch arabinogalactan and colostrum stimulates an immune response towards peripheral NK activation and gut tolerance. *Nutrients*. 2020; 12(6):1706. Published 2020 Jun 7. doi:10.3390/nu12061706.
12. Riede L, Grube B, Gruenwald J. Larch arabinogalactan effects on reducing incidence of upper respiratory infections. *Curr Med Res Opin*. 2013; 29(3): 251–8. doi: 10.1185/03007995.2013.765837.
13. Barak V, Halperin T, Kalickman I. The effect of Sambucol, a black elderberry-based natural product, on the production of human cytokines: I. Inflammatory cytokines. *Eur Cytokine Netw*. 2001 Apr–Jun;12(2):290–6. PMID: 11399518.

14. Kunnumakkara AB, Bordoloi D, Padmavathi G, et al. Curcumin, the golden nutraceutical: multitargeting for multiple chronic diseases. *Br J Pharmacol.* 2017; 174(11):1325–1348. doi:10.1111/bph.13621.
15. Stohs SJ, Chen O, Ray SD, Ji J, Bucci LR, Preuss HG. Highly bioavailable forms of curcumin and promising avenues for curcumin-based research and application: A review. *Molecules.* 2020; 25(6):1397. Published 2020 Mar 19. doi:10.3390/molecules25061397.
16. Ramirez-Garza SL, Laveriano-Santos EP, Marhuenda-Munoz M, et al. Health effects of resveratrol: Results from human intervention trials. *Nutrients.* 2018; 10(12):1892. Published 2018 Dec 3. doi:10.3390/nu10121892.
17. Movahed A, Nabipour I, Lieben Louis X, et al. Antihyperglycemic effects of short term resveratrol supplementation in type 2 diabetic patients. *Evid Based Complement Alternat Med.* 2013; 2013:851267. doi:10.1155/2013/851267.
18. Rahman MH, Akter R, Bhattacharya T, et al. Resveratrol and neuroprotection: Impact and its therapeutic potential in Alzheimer's disease. *Front Pharmacol.* 2020; 11:619024. Published 2020 Dec 30. doi:10.3389/fphar.2020.619024.
19. Timmers S, Konings E, Bilet L, et al. Calorie restriction-like effects of 30 days of resveratrol supplementation on energy metabolism and metabolic profile in obese humans. *Cell Metab.* 2011; 14(5):612 –622. doi:10.1016/j.cmet.2011.10.002. 20.
20. Li Z, Geng YN, Jiang JD, Kong WJ. Antioxidant and anti-inflammatory activities of berberine in the treatment of diabetes mellitus. *Evid Based Complement Alternat Med.* 2014; 2014:289264. doi:10.1155/2014/289264.
21. Yin J, Xing H, Ye J. Efficacy of berberine in patients with type 2 diabetes mellitus. *Metabolism.* 2008; 57(5):712–717. doi:10.1016/j.metabol.2008.01.013.
22. Deo SS, Mistry KJ, Kakade AM, Niphadkar PV. Role played by Th2 type cytokines in IgE mediated allergy and asthma. *Lung India.* 2010; 27(2):66–71. doi:10.4103/0970-2113.63609.
23. Mlcek J, Jurikova T, Skrovankova S, Sochor J. Quercetin and its anti-allergic immune response. *Molecules.* 2016; 21(5):623. Published 2016 May 12. doi:10.3390/molecules21050623.
24. Wang W, Jing W, Liu Q. *Astragalus* oral solution ameliorates allergic asthma in children by regulating relative contents of CD4+CD25highCD127low Treg cells. *Front Pediatr.* 2018; 6:255. Published 2018 Sep 20. doi:10.3389/fped .2018.00255.
25. Chen SM, Tsai YS, Lee SW, Liu YH, Liao SK, Chang WW, Tsai PJ. Astragalus membranaceus modulates Th1/2 immune balance and activates PPARγ in a murine asthma model. *Biochem Cell Biol.* 2014 Oct; 92(5):397–405. doi: 10.1139/bcb-2014-0008. Epub 2014 Sep 2. PMID: 25264079.

26. Takano H, Osakabe N, Sanbongi C, et al. Extract of Perilla frutescens enriched for rosmarinic acid, a polyphenolic phytochemical, inhibits seasonal allergic rhinoconjunctivitis in humans. *Experimental Biology and Medicine.* 2004; 229(3):247–254.
27. Bakhshaee M, Mohammad Pour AH, Esmaeili M, et al. Efficacy of supportive therapy of allergic rhinitis by stinging nettle *(Urtica dioica)* root extract: A randomized, double-blind, placebo-controlled, clinical trial. *Iran J Pharm Res.* 2017; 16(Suppl):112–118.
28. Chandrasekaran A, Molparia B, Akhtar E, et al. The autoimmune protocol diet modifies intestinal RNA expression in inflammatory bowel disease. *Crohns Colitis 360.* 2019; 1(3):otz016. doi:10.1093/crocol/otz016.
29. Bakdash G, Vogelpoel LT, van Capel TM, Kapsenberg ML, de Jong EC. Retinoic acid primes human dendritic cells to induce gut-homing, IL-10-producing regulatory T cells. *Mucosal Immunol.* 2015 Mar; 8(2):265–78. doi: 10.1038/mi.2014.64. Epub 2014 Jul 16. PMID: 25027601.
30. Elias KM, Laurence A, Davidson TS, et al. Retinoic acid inhibits Th17 polarization and enhances FoxP3 expression through a Stat-3/Stat-5 independent signaling pathway. *Blood.* 2008; 111(3):1013v1020. doi:10.1182/blood-2007-06-096438.
31. Bastos MS, Rolland Souza AS, Costa Caminha MF, et al. Vitamin A and pregnancy: A narrative review. *Nutrients.* 2019; 11(3):681. Published 2019 Mar 22. doi:10.3390/nu11030681.
32. Krakauer T, Li BQ, Young HA. The flavonoid baicalin inhibits superantigen-induced inflammatory cytokines and chemokines. *FEBS Lett.* 2001 Jun 29; 500(1–2):52–5. doi: 10.1016/s0014-5793(01)02584-4. PMID: 11434925.
33. Yang J, Yang X, Yang J, Li M. Baicalin ameliorates lupus autoimmunity by inhibiting differentiation of Tf h cells and inducing expansion of Tfr cells. *Cell Death Dis.* 2019; 10(2):140. Published 2019 Feb 13. doi:10.1038/s41419-019-1315-9.
34. Liang S, Deng X, Lei L, et al. The comparative study of the therapeutic effects and mechanism of baicalin, baicalein, and their combination on ulcerative colitis rat. *Front Pharmacol.* 2019; 10:1466. Published 2019 Dec 13. doi:10.3389/fphar.2019.01466.
35. Wu J, Li H, Li M. Effects of baicalin cream in two mouse models: 2,4-dinitrofluorobenzene-induced contact hypersensitivity and mouse tail test for psoriasis. *Int J Clin Exp Med.* 2015 Feb 15; 8(2):2128–37. PMID: 25932143; PMCID: PMC4402790.
36. Kurniawan H, Franchina DG, Guerra L, et al. Glutathione restricts serine metabolism to preserve regulatory T cell function. *Cell Metab.* 2020 May 5; 31(5):920-936.e7. doi: 10.1016/j.cmet.2020.03.004. Epub 2020 Mar 25. PMID: 32213345; PMCID: PMC7265172.
37. Kadry MO. Liposomal glutathione as a promising candidate for immunological rheumatoid arthritis therapy. *Heliyon.* 2019; 5(7):e02162. Published 2019 Jul 27.

doi:10.1016/j.heliyon.2019.e02162.

38. Cascao R, Fonseca JE, Moita LF. Celastrol: A spectrum of treatment opportunities in chronic diseases. *Front Med* (Lausanne). 2017 Jun 15; 4:69. doi: 10.3389/fmed.2017.00069. PMID: 28664158; PMCID: PMC5471334.
39. Ibid.
40. Wang HL, Jiang Q, Feng XH, et al. Tripterygium wilfordii Hook F versus conventional synthetic disease-modifying anti-rheumatic drugs as monotherapy for rheumatoid arthritis: a systematic review and network meta-analysis. *BMC Complement Altern Med.* 2016; 16:215. Published 2016 Jul 13. doi:10.1186/s12906-016-1194-x.
41. Baek SY, Lee J, Lee DG, et al. Ursolic acid ameliorates autoimmune arthritis via suppression of Th17 and B cell differentiation. *Acta Pharmacol Sin.* 2014; 35(9):1177–1187. doi:10.1038/aps.2014.58.

Chapter 11 免疫修復計畫懶人包

1. Strindhall J, Nilsson BO, Lofgren S, et al. No Immune Risk Profile among individuals who reach 100 years of age: findings from the Swedish NONA immune longitudinal study. *Exp Gerontol.* 2007; 42(8):753–761. doi:10.1016/j.exger.2007.05.001.
2. Sabetta JR, DePetrillo P, Cipriani RJ, Smardin J, Burns LA, Landry ML. Serum 25-hydroxyvitamin D and the incidence of acute viral respiratory tract infections in healthy adults. *PLoS One.* 2010; 5(6):e11088. Published 2010 Jun 14. doi:10.1371/journal.pone.0011088.
3. Grant WB, Lahore H, McDonnell SL, et al. Evidence that Vitamin D supplementation could reduce risk of influenza and COVID-19 infections and deaths. *Nutrients.* 2020; 12(4):988. Published 2020 Apr 2. doi:10.3390/nu12040988.

為什麼你容易生病

辨識你的「免疫類型」，以及所需要的修復計畫

THE IMMUNOTYPE BREAKTHROUGH

Your Personalized Plan to Balance Your Immune System, Optimize Health, and Build Lifelong Resilience

作　　者 | 希瑟．默德 Heather Moday
譯　　者 | 陳映竹 Audrey Chen

責任編輯 | 黃蓯莙 Bess Huang
責任行銷 | 朱韻淑 Vina Ju
封面裝幀 | Dinner Illustration
版面構成 | 張語辰 Chang Chen
校　　對 | 葉怡慧 Carol Yeh

發 行 人 | 林隆奮 Frank Lin
社　　長 | 蘇國林 Green Su

總 編 輯 | 葉怡慧 Carol Yeh
主　　編 | 鄭世佳 Josephine Cheng
行銷主任 | 朱韻淑 Vina Ju
業務處長 | 吳宗庭 Tim Wu
業務主任 | 蘇倍生 Benson Su
業務專員 | 鍾依娟 Irina Chung
業務秘書 | 陳曉琪 Angel Chen
　　　　　莊皓雯 Gia Chuang

發行公司 | 悅知文化 精誠資訊股份有限公司
地　　址 | 105台北市松山區復興北路99號12樓
專　　線 | (02) 2719-8811
傳　　真 | (02) 2719-7980
網　　址 | http://www.delightpress.com.tw
客服信箱 | cs@delightpress.com.tw
ISBN：978-986-510-265-4
建議售價 | 新台幣450元
初版一刷 | 2023年03月

本書若有缺頁、破損或裝訂錯誤，請寄回更換

Printed in Taiwan

國家圖書館出版品預行編目資料

為什麼你容易生病：辨識你的「免疫類型」,以及所需要的修復計畫／希瑟.默德(Heather Moday)作；陳映竹譯. -- 初版. -- 臺北市：悅知文化 精誠資訊股份有限公司, 2023.03

面；　公分

譯自：The immunotype breakthrough

ISBN 978-986-510-265-4(平裝)

1.CST: 免疫力 2.CST: 免疫學 3.CST: 健康法

369.85　　111022406

建議分類：健康醫療、自然科普

著作權聲明

本書之封面、內文、編排等著作權或其他智慧財產權均歸精誠資訊股份有限公司所有或授權精誠資訊股份有限公司為合法之權利使用人，未經書面授權同意，不得以任何形式轉載、複製、引用於任何平面或電子網路。

商標聲明

書中所引用之商標及產品名稱分屬於其原合法註冊公司所有，使用者未取得書面許可，不得以任何形式予以變更、重製、出版、轉載、散佈或傳播，違者依法追究責任。

版權所有　翻印必究

Copyright © 2021 by Heather Moday

This edition published by arrangement with Little, Brown and Company, New York, New York, USA.

All rights reserved.

dp 悅知文化
Delight Press

線上讀者問卷 TAKE OUR ONLINE READER SURVEY

只有在你的支持下，
免疫系統才能
好好完成自己的工作。

——————《為什麼你容易生病》

請拿出手機掃描以下QRcode或輸入
以下網址，即可連結讀者問卷。
關於這本書的任何閱讀心得或建議，
歡迎與我們分享 :)

https://bit.ly/3ioQ55B